景観デザインと色彩

ダム，橋，川，街路，水辺
セーヌ川と隅田川の川辺

熊沢傳三 絵・著

技報堂出版

刊行に寄せて

　山梨大学のキャンパスの一隅に山梨工業会館という建物がある．この建物は山梨大学工学部の前身である山梨高等工業学校，山梨工業専門学校そして山梨大学工学部の卒業生からなる山梨工業会が建てたもので，後に管理を国に移管した．その館内に100号の油絵が何枚か掛かっている．それらの絵は風景画で，そこには風景のもつ光の輝きが見事に描き出されている．その作者が熊沢傳三先生で，土木技術者でもあることを知ったのは，それらの絵に接して何年か後のことである．

　熊沢先生は長年，ダム造りに専念された方で，また，一水会会員としても画家の腕を磨いてこられた．自然と人工物の係わりを技術と芸術の両方の視点からどのようにとらえるかというテーマは，間接的であるにせよ景観工学と身近に接してきた私にとっても大きな関心事であった．そして熊沢先生は，こうしたテーマについての講師をお願いするのに打ってつけの方であると思った．しかも先生は山梨大学のOBである．非常勤講師としてお迎えする条件が整ったのは1978年のことであった．

　土木施設が私たちの生活基盤であることは言を待たないが，開発か自然保護かの議論をする間に，土木行為が時に悪者扱いされるようになったのは何時頃からであったであろうか．多分それは土木工事の巨大化が可能になった1960年以降のことであろうし，これらのことがしばしば人々の口に上るようになったのは1970年代前半の公害問題発生以降のことである．従来型の土木工学においては自然と人工とがせめぎ合う中で，安全性，経済性，機能性を追究して技術向上がはかられてきた．しかし，土木工学では，見た目の心地よさや納まりなどの追究は，独立した課題として確立されていたとはいえない．したがって，土木教育の中にも該当する科目がなかった．

　時代は変化し，土木施設と環境との調和，環境創造の必要性，また都市土木施設の増大などから，土木環境技術の中に景観的側面，環境的側面，アメニティ側面に関する技術を導入する必要性が強く認識されることとなった．今や，これらの土木環境の新しい分野が景観工学，シビックデザイン，環境計画などの姿となり，必須科目に加えられつつある．

　熊沢先生はこのような時代の到来をとうの昔から見通していらしたかのように，こうした要求がでてくる一時代前の1962年頃，すでに土木施設に美的要素を取り入れるという先駆的な仕事をなされた土木技術者であり画家である．

　本書の「9.2.3 ダムハンドドール設計への応用」では黒四ダム（1963年竣工）のハンドレールの基本設計図が掲載されている．これは熊沢先生が1962年に設計を担当され，それがそのまま実施設計に移されて実現したものである．この設計図を3時間で仕上げたときの思い出話を1990年頃の集中講義の折にお聞きしたことがある．それは次のようなお話である．

　　1962年5月，当時関西電力の社長室企画ならびに現場を経て設計部付き室におられ

た熊沢先生のところへ，当時の建設部長 吉田登氏がやってこられた．吉田氏は調査・計画の段階から工事完成に至るまで責任者として黒四ダム開発を完成に導かれた，熊沢先生の尊敬される方である．熊沢先生が吉田氏に連れられて黒四総本部会議室へ行ってみると，そこには世界の代表的ダムの天端を中心とした写真，国内の各種橋梁のハンドレールの資料，および現場の黒四設計課が作り上げた設計図がおいてあり，その設計図に対する意見を求められた．熊沢先生は資料と設計図を見て，改善策として次のように述べられた．

① その設計図のハンドレールには，ダムと河川の相違について考慮されていないこと．すなわち，橋梁の場合は橋の下のスペースがあるから光の陰影を活かす必要がないが，非越流部を持つダムの場合は，堤体と天端部の間にできる光の陰影を活かす必要がある．設計図にはそれが見られない．
② 夜には見物客はいない．しかるに，街路灯が設計図の中にあるがこれは不必要である．
③ 設計図では天端幅は 6.5 m であるが，堤体に陰影をつけるため 8.5 m くらいになるだろう．

早速設計せよということで，その日の夕方6時から約3時間かけて設計し直し，提出されたのがこの本の中に出てくる基本設計図である．

　熊沢先生の描かれる絵画は自然の風景や構造物と自然の調和の美しさ，光の輝きを謳いあげたものが多い．図 10.4 の「山峡早春」は日本の河川の特徴を描いたものである．それは，そのまま日本のウォーターフロントの設計理念になっているし，また，日本河川の特徴をふまえずにただ盲目的に西洋のウォーターフロントを真似る現代の風潮に対する批判であるようにも思える．本書は熊沢先生が山梨大学での集中講義で教鞭を執られた 17 年間の講義ノートを整理したもので，図表はすべて先生の手になるものである．読者はこれらの図表から絵の描き方を学ぶこともできるであろう．

　熊沢先生に接して先生のお生まれが 20 年早過ぎたと思うことがある．逆に土木界の景観に対する技術指向がもう 20 年ほど早かったなら，先生のお仕事の範囲はさらに多方面に及んでいたことであろう．しかし，そのギャップを埋めるかのように先生は学生の指導に精魂を尽くされて，その結晶物としてこの本が生まれたのだと思われる．心からの拍手を送るとともに讃辞を捧げるものである．

2002 年 3 月 5 日

山梨大学工学部土木環境工学科
教授　花　岡　利　幸

「景観デザインと色彩」目次

1編　色彩の基礎知識

1章　色彩の表示 …………………………………………………………………………2

1.1　色の3原色 ………………………………………………………………………2
1.1.1　色光と色料 …………………………………………………………………2
1.1.2　色光と色料3原色の関係 …………………………………………………3
1.2　補色 ………………………………………………………………………………3
1.2.1　物理補色 ……………………………………………………………………3
1.2.2　心理補色 ……………………………………………………………………3
1.3　色彩表示 …………………………………………………………………………3
1.3.1　有彩色と無彩色 ……………………………………………………………4
1.3.2　色の3属性：色相，明度，彩度 …………………………………………4
1.3.3　色の表示 ……………………………………………………………………4
1.3.4　明度と彩度，色相環 ………………………………………………………9
1.3.5　マンセル体系，オストワルド体系の特徴 ………………………………12
1.3.6　色名について ………………………………………………………………12
1.4　色の心理的効果 …………………………………………………………………14
1.4.1　寒色と暖色 …………………………………………………………………14
1.4.2　軽重感，威厳と軽快 ………………………………………………………14
1.4.3　進出性と後退性 ……………………………………………………………14
1.4.4　明度による広がり …………………………………………………………15
1.4.5　膨張と収縮，大小と面積比 ………………………………………………15
1.4.6　居心地 ………………………………………………………………………15
1.4.7　連想 …………………………………………………………………………15
1.4.8　色による注意表示 …………………………………………………………16
1.4.9　衛生管理と色彩 ……………………………………………………………16
1.4.10　色の視認性，判読性，注目性 ……………………………………………16
1.4.11　明順応，暗順応 ……………………………………………………………17

2章　色彩の調和 ……………………………………………………………………18

2.1　色彩対比 ………………………………………………………………………18
　2.1.1　明度対比 …………………………………………………………………19
　2.1.2　彩度対比 …………………………………………………………………19
　2.1.3　色相対比 …………………………………………………………………20
　2.1.4　複合対比（有彩色と無彩色）……………………………………………20
　2.1.5　補色（余色）………………………………………………………………20
　2.1.6　発色効果と黒線，金線の活用 …………………………………………20

2.2　色彩調和論 ……………………………………………………………………21
　2.2.1　色彩論誕生の経緯 ………………………………………………………21
　2.2.2　デザイン色彩と絵画の色彩 ……………………………………………22
　2.2.3　オストワルド色彩調和論 ………………………………………………22
　2.2.4　ムーン・スペンサーによる色彩調和論 ………………………………23

2.3　色彩調和のあり方 ……………………………………………………………25
　2.3.1　3属性（色相・明度・彩度）の対比 ……………………………………26
　2.3.2　色彩計画における必要条件 ……………………………………………27

3章　歴史文化に見る色彩 ………………………………………………………28

3.1　色のルーツと国際性 …………………………………………………………28
　3.1.1　中国古代の思想「陰陽五行説」…………………………………………28
　3.1.2　ヨーロッパの色 …………………………………………………………29
　3.1.3　平安貴族の色彩（染色，織色，襲色）と室町，元禄時代 ……………30
　3.1.4　現代の色彩 ………………………………………………………………30

3.2　西欧の色彩と環境 ……………………………………………………………31

2編　景観・色彩計画の考え方

4章　近代建築，現代建築の示唆 ………………………………………………34

4.1　近代建築まで …………………………………………………………………34
4.2　現代建築：1970年以降 ………………………………………………………36
　4.2.1　ポスト・モダニズム ……………………………………………………36

4.2.2　ポスト・モダニズムの考察と土木構造物 ……………………37
　　4.2.3　アール・ヌーボーのデザイン―世紀末芸術運動 …………37
　　4.2.4　都市再開発・新都市の出現と考察―象徴の時代 …………38
　　4.2.5　現代の建築 ……………………………………………………39

5章　色彩計画とデザイン美 ……………………………………………40

　5.1　ツートーン・カラー（面積比，明度対比）…………………………40
　5.2　壁面の処理と秩序性 …………………………………………………40
　5.3　無彩色の活用 …………………………………………………………41
　5.4　黒の使用 ………………………………………………………………41
　5.5　テクスチュア対比 ……………………………………………………41
　5.6　shade & shadow とデザイン ………………………………………42

6章　線のもつ感情と景観の構造 ………………………………………43

　6.1　線のもつ感情 …………………………………………………………44
　6.2　線の特性と景観 ………………………………………………………44
　　（1）アンシンメトリの美 ………………………………………………44
　　（2）傾斜支塔 ……………………………………………………………45
　　（3）オープン・スペースの塔 …………………………………………45
　　（4）黄金分割 ……………………………………………………………46
　　（5）黄金分割と秩序性 …………………………………………………46
　　（6）垂直線 ………………………………………………………………46
　　（7）リズム線 ……………………………………………………………48
　　（8）円弧 …………………………………………………………………48
　　（9）m字線 ………………………………………………………………49
　6.3　線・面の構成と造形 …………………………………………………52
　　（1）オープン・スペースにおけるカラムの群立 ……………………52
　　（2）段状の構造物と環境調和 …………………………………………53
　　（3）道路と建物 …………………………………………………………54
　　（4）透視空間と造形―装飾の構造化 …………………………………55
　　（5）スケールを大きく …………………………………………………56
　　（6）水平・垂直線の構造物に一部の斜線 ……………………………56
　　（7）護岸工――水制工の採用，ウォーターフロント ………………57
　　（8）建物への野外空間の導入 …………………………………………58
　　（9）日本橋橋詰の展望ステージとバリア・フリー …………………59

7章　環境調和における構造物と色彩 ……………………………… 60

7.1　行政面からの環境調和の活性化 ……………………………… 60
7.2　環境調和色彩計画の基本的考え方 ……………………………… 60
7.2.1　自然環境への調和 ……………………………… 61
7.2.2　色彩計画の基本的考え方 ……………………………… 61
7.3　橋梁色彩 ……………………………… 61
7.3.1　橋梁色彩の表現性 ……………………………… 61
7.3.2　流行色 ……………………………… 64
7.4　橋梁の色彩計画の条件 ……………………………… 65
7.5　色彩環境調和の検討項目 ……………………………… 66

8章　地形風土に適したデザインと色彩 ……………………………… 67

8.1　Community Identity と快適環境 ……………………………… 67
8.2　景勝地における規制 ……………………………… 67
（1）富士山のノッポビル規制 ……………………………… 67
（2）京都の景観論争 ……………………………… 68
（3）琵琶湖風景を守る条例 ……………………………… 69
8.3　地形風土に適したデザイン ……………………………… 69
（1）平面空間のアクセント ……………………………… 69
（2）切取り法面保護工のアクセント ……………………………… 69
（3）丘陵地の構造物 ……………………………… 69
8.4　トンネル入口の色彩 ……………………………… 69
（1）関越自動車のトンネル入口 ……………………………… 69
（2）東京湾トンネル（港湾道路） ……………………………… 70

3編　景観，色彩計画の具体例

9章　橋梁と景観 ……………………………… 72

9.1　生活空間の中の橋梁 ……………………………… 72
9.1.1　橋梁の内と外 ……………………………… 72
9.1.2　橋梁形式 ……………………………… 72

9.1.3　透視空間 …………………………………………………………74
　9.2　橋梁特性と景観 ……………………………………………………………76
　　　9.2.1　鉄道橋と道路橋 …………………………………………………76
　　　9.2.2　河川橋梁と高架橋 ………………………………………………76
　　　9.2.3　ダム・ハンドレール設計への応用（黒部ダム）——水平線の強調 …78
　　　9.2.4　アーチダムとウィングダムの取付部（黒部ダム） ………………80
　　　9.2.5　流水河川橋梁と滞水河川橋梁・臨海橋梁 ……………………81
　9.3　セーヌ川橋梁と隅田川橋梁 ………………………………………………83
　　　9.3.1　セーヌ川 …………………………………………………………83
　　　9.3.2　隅田川の歴史と景観 ……………………………………………88
　　　9.3.3　隅田川の景観とセーヌ川橋梁 …………………………………90
　9.4　生活空間に溶け込む橋梁 …………………………………………………93
　　　9.4.1　歩道橋とその周辺 ………………………………………………93
　　　9.4.2　橋梁の内面 ………………………………………………………97

10章　水辺景観 ……………………………………………………………………99

　10.1　水辺景観の原点 …………………………………………………………99
　　　10.1.1　河川と人とのかかわり …………………………………………100
　　　10.1.2　日本の河川と護岸工 ……………………………………………100
　　　10.1.3　水辺景観と名画 …………………………………………………101
　10.2　水辺景観の要素とデッサン ……………………………………………103
　　　10.2.1　水辺景観の要素 …………………………………………………105
　　　10.2.2　風景画（デッサン）の描き方 …………………………………105
　10.3　水辺景観の変遷と検討 …………………………………………………107
　10.4　流出量と河道形成 ………………………………………………………108
　　　10.4.1　護岸工，堤防 ……………………………………………………108
　　　10.4.2　高水敷，低水敷 …………………………………………………109
　　　10.4.3　床止工，取水堰 …………………………………………………109
　10.5　堤防と水制工 ……………………………………………………………110
　　　10.5.1　緩傾斜堤防 ………………………………………………………110
　　　10.5.2　水制工 ……………………………………………………………110
　10.6　運河，用水路などの景観——ウォーターフロント ……………………111
　　　10.6.1　運河 ………………………………………………………………111
　　　10.6.2　ウォーターフロント ……………………………………………112
　10.7　近自然工法による水辺景観 ……………………………………………112
　　　10.7.1　石庭，枯山水 ……………………………………………………112
　　　10.7.2　取水堰 ……………………………………………………………113
　10.8　水辺景観と色彩 …………………………………………………………115

11章　街路景観 ... 116

11.1　街路景観の要素 ... 116
- 11.1.1　街路の規模と景観 ... 116
- 11.1.2　近距離空間の景観 ... 116
- 11.1.3　全体的空間の考察 ... 118
- 11.1.4　街路景観修景と色彩 ... 119
- 11.1.5　緑視率と緑被率 ... 120

11.2　住宅, ビルなどの街路景観 ... 121
- 11.2.1　住宅と景観 ... 121
- 11.2.2　オフィスビルと景観 ... 121
- 11.2.3　地下道入口・バス停の屋根 ... 122

11.3　歩道とくつろぎの場 ... 122
- 11.3.1　歩道の拡幅と車道 ... 122
- 11.3.2　舗装と色彩 ... 123
- 11.3.3　彫刻, 街路樹 ... 124

11.4　街並みづくり ... 124
- 11.4.1　「街並み環境整備事業」 ... 125
- 11.4.2　住民同士で街並みの計画づくり ... 125
- 11.4.3　屋根, 壁の色彩の統一, 白の壁 ... 125

11.5　都市の考察 ... 126
- 11.5.1　歴史建物 ... 126
- 11.5.2　都市道路——産業道路を避ける ... 127
- 11.5.3　教会広場 ... 127
- 11.5.4　公園, 広場, モール ... 127
- 11.5.5　社会道徳と都市の構成 ... 129
- 11.5.6　河川のくつろぎ——都市河川と都心部河川 ... 130
- 11.5.7　高齢者・障害者対策——バリア・フリー ... 130
- 11.5.8　商業主義文化・現代建築の進出と対策—安全性, 快適性 ... 132

11.6　駅前広場 ... 132
- 11.6.1　中規模駅前広場——八王子駅北口の例—— ... 133
- 11.6.2　駅前広場の色彩 ... 133
- 11.6.3　ペデストリアン・デッキのあり方 ... 133
- 11.6.4　駅前広場の景観上の留意事項 ... 133

文献 ... 135

1編
色彩の基礎知識

●1章●
色彩の表示
●2章●
色彩の調和
●3章●
歴史文化に見る色彩

1章　色彩の表示

　構造物のデザイン美，また景観との調和について考えるとき，形や大きさ，配置などと並んで，色彩調和がもう一つの重要な要素となる．それは色彩処理をどのようにするかということである．そのためには，色彩についての基本的事項から色彩計画への展開を，機能的であると同時に審美性という視点からも考えなければならない．ここでは，以上のことがらの基本とその応用面について述べる．

1.1　色の3原色

1.1.1　色光と色料

　色の3原色の混合によって任意の色が得られる．色には色光（光）の色と，色料（絵の具や塗料）の色とがあり，その3原色は異なる．色光のそれは赤（R），緑（G），青紫（B）であり（図1.1），色料のそれは赤（R），青（B），黄（Y）である．色光の3原色は3色が重なると明るく白昼光色となるが，色料の場合は暗灰色から黒に近くなる．

　色光に関し，人間の眼が識別できる光の波長（可視光線）の範囲は，図1.2に示すように約380～760 nm[注1)]である．

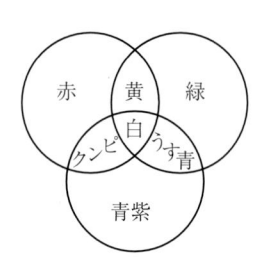

図1.1　色光の重なり

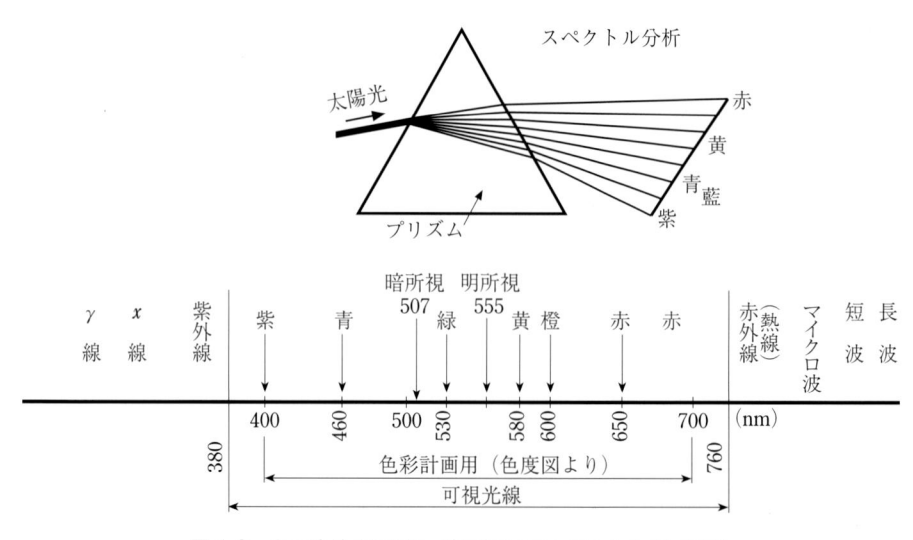

図1.2　光の波長（明所視，暗所視については 1.4.11 参照）

注1)　nm：ナノメートル，1nm=10^{-9} m

1.1.2　色光と色料3原色の関係

色光3原色の重なりは色料の3原色になる（図 1.1 参照）．

　　赤　＋　緑　→　黄
　　青紫＋　緑　→　淡青
　　赤　＋　青紫→　ピンク

1.2　補色

1.2.1　物理補色

　2つの純色色光を混交させると，白昼光色となる場合がある．このとき，2つの色は補色関係[注2]にあるという．また，2つの純色の色料を「コマ」（円盤）で回すと（混色円板 Maxwell disc [注3]，図 1.3）灰色になる場合がある．この場合も補色関係である．

　色料の補色において，色料の2原色の重なりは残りの原色の補色となる（**1.3.4**（**1**）**c.**「色相環」参照）．

　　（黄＋青）＝緑：赤
　　（赤＋黄）＝橙：青
　　（青＋赤）＝紫：黄

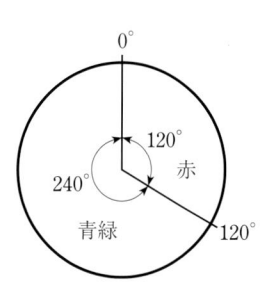

図 1.3　Maxwell disc

1.2.2　心理補色

　たとえば，緑を見つめて，白紙に目を移すと淡い赤が見える．この場合，緑と赤は補色関係にあるといい，これを心理補色という．また，この淡い赤の見えることを残像現象という．

　　例．　［物理補色］　　　［心理補色］
　　　　緑：赤みの紫　　緑：赤，　　緑：赤みの茶
　　　　黄：紫みの青　　黄：青みの紫，　黄：紫

　物理補色と心理補色については上記のような差がある．画家は発効果色を最大限に発揮するため，この心理効果をねらって，補色を配色したい場合には心理補色を用いる．

1.3　色彩表示

　色彩感覚は視覚によってなされ，眼に入ってくる光の波長とその量に依存する．視覚の違いによって感じとられる特定の色彩は色の座標系の中でその位置が定まり，他の色と対比することができる．色彩表示とは色の座標系のなかで色彩を位置づけることである．いくつかの色の表示方法が色の座標系を構成する．なお，たとえば塗装色紙などの色の標準試料を，カード化されて名札をつけられた色彩という意味で色票と呼ぶことがある．

[注2]【例】赤 5R4/14（120°），青緑 5BG4/7（240°）
[注3] Maxwell (1831–1899)：イギリス人．混合板の実験による色の混合，面積比などの研究がある．

1.3.1 有彩色と無彩色

黒，灰，白などのように色味をもたない色を無彩色といい，色味をもった色を有彩色という．

1.3.2 色の3属性：色相，明度，彩度

無彩色は明暗の違いを区別できるのみである．有彩色は色味の違い，明暗の違い，鮮やかさと鈍さの違いによって区別がつく．したがって，これらは色の感覚の識別要素である．別の観点から考えると，これらは色を表す要素である．そして，これら要素を色感覚の属性という．色の3属性は，赤や青などの色味，明暗の程度，鮮やかさの程度であり，順に色相（hue），明度（value），彩度（chrome）と呼ぶ．

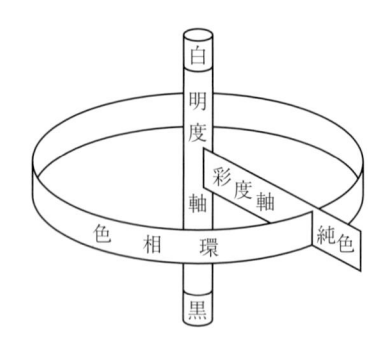

図1.4 色表示基本パターン

属性を有する色票の位置は，図1.4のように立体座標の色表示によって表わされる．色票は色相環の水平面上に角度座標をもち，明度は縦軸，彩度は遠心方向の横座標によって位置づけられている．色相，明度，彩度の3属性を尺度化して，色票の位置を3次元の記号と数値で表示することができる．

色表示法はいくつか提案されている．そのうち，マンセル[注4)]体系（Munsell colorsystem），オストワルド[注5)]体系（Ostwald color system）の2つが国際的色表示体系となっており，この中の修正マンセル体系1943が代表的な表示法である．

わが国では，これらの体系を参考にして，わかりやすく作った「JIS表示」および「日本色彩研究所表示」がある．日本色彩研究所は1951年にこれを「色の標準」として発表した．これは1964年に修正されてPCCS体系（practical color co-ordinate system，実用等価カラー体系）となり，実用的なものとなった．一般にはPCCS体系が用いられているが，土木，建築の技術関係者，その他電力会社ではマンセル体系が用いられている（図1.5～1.8参照）．

1.3.3 色の表示

いま，特定の色彩を位置づけようとする場合を考える．その色票が赤であるとする．しかし，上で得た知識によれば，単に赤といっても黄味がかった赤もあるし紫味がかった赤もある，暗い赤もあれば明るい赤もある，さらに濁った赤もあれば鮮やかな赤もある．

これを座標系の一点に位置づける場合，マンセル体系では，たとえば，5R・4/14のような表示をする．これは3属性が色相：5R，明度：4，彩度：14であることを示している．実は，これは純赤の表示である．また，N・5/0（簡略化してN5と書く）のような表示は明度5の無彩色を意味する．一般にはH・V/Cの表示形式をとる．このように色票を表示すると，3属性によって色彩を正確に位置づけることができる．

[注4)] Alvert H. Munsell (1858-1918)：アメリカの美術家．1905年に色彩体系，色彩調節を発表した．工場における作業員の安全と快適な環境，また病院における環境色彩等生理的順応に関するものが主となっている．

[注5)] Wilhelm Ostwald (1853-1932)：ノーベル化学賞（1909年受賞）をもつドイツの化学者．1923年8色体系を発表，彼の研究は生理学者 Edward Hering (1834-1918) の4色色相環を利用し，さらに実用化したものである．

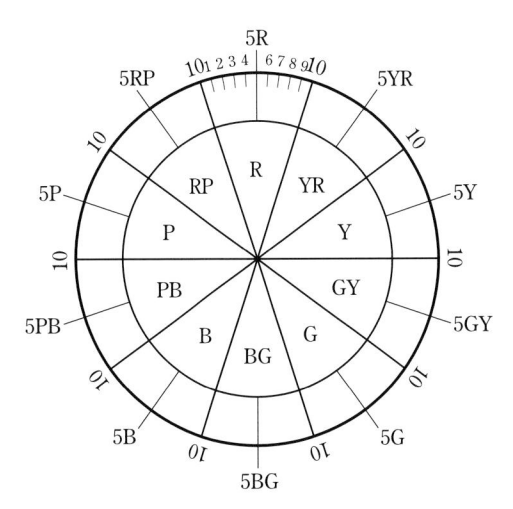

(a) マンセル色相環は 10 色相をそれぞれさらに 10 等分してあり，対向色は物理補色である．

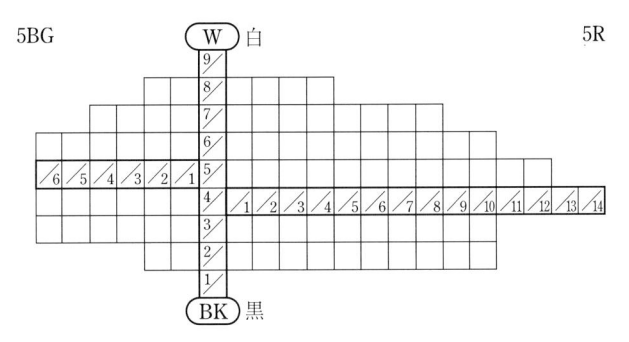

(b) マンセル色立体の縦断面図．彩度スケールは色相によって高さと長さが違う

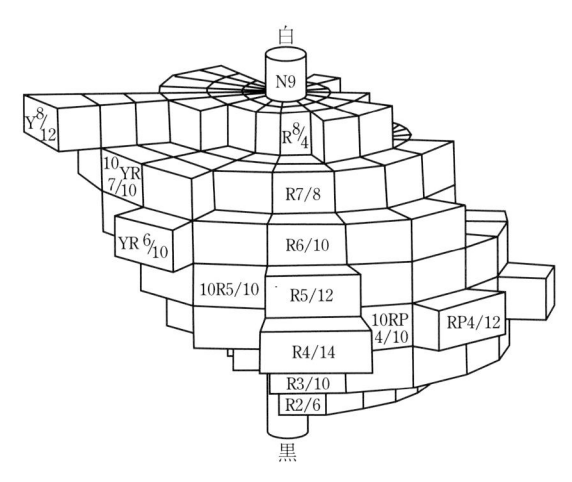

(c) マンセル色立体．マンセル自身がカラーツリーと呼んでいるように，樹木のような形である

図 1.5 マンセル色系

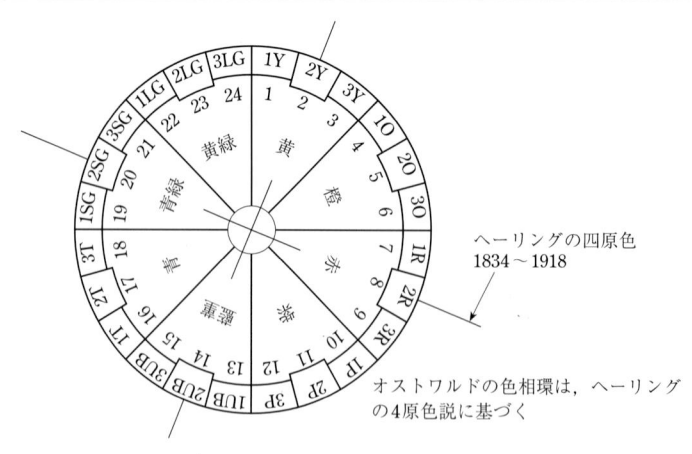

(a) オストワルド（24色）物理補色

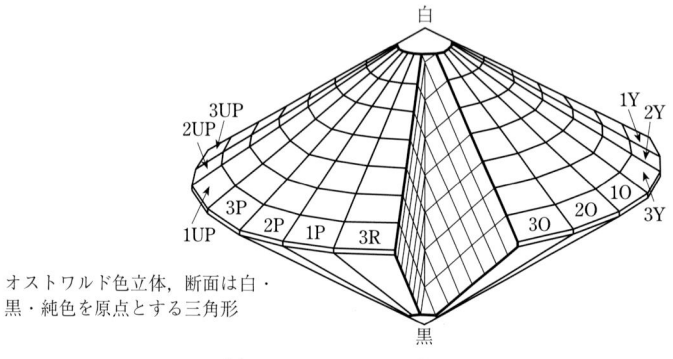

ヘーリングの四原色
1834～1918

オストワルドの色相環は，ヘーリングの4原色説に基づく

(b) オストワルド色表示

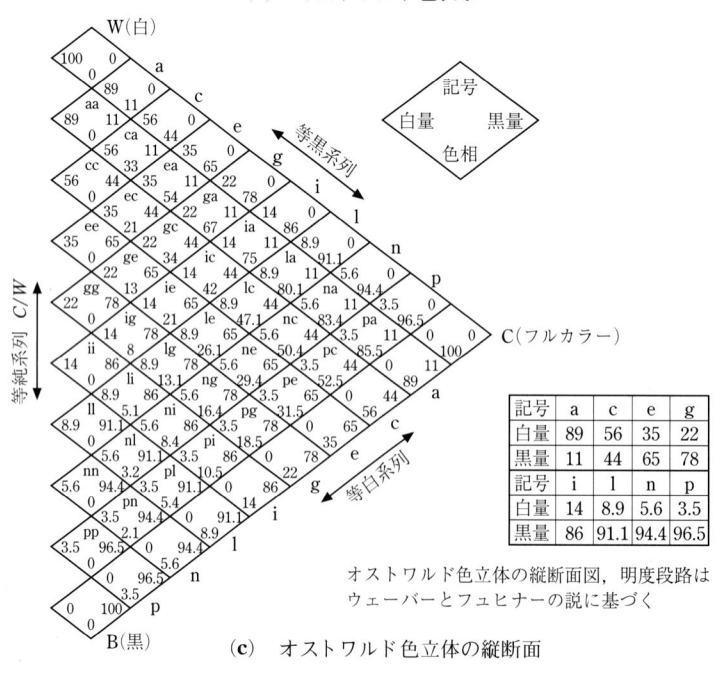

オストワルド色立体，断面は白・黒・純色を原点とする三角形

(c) オストワルド色立体の縦断面

記号	a	c	e	g
白量	89	56	35	22
黒量	11	44	65	78
記号	i	l	n	p
白量	14	8.9	5.6	3.5
黒量	86	91.1	94.4	96.5

オストワルド色立体の縦断面図，明度段路はウェーバーとフヒナーの説に基づく

図1.6 オストワルド色系

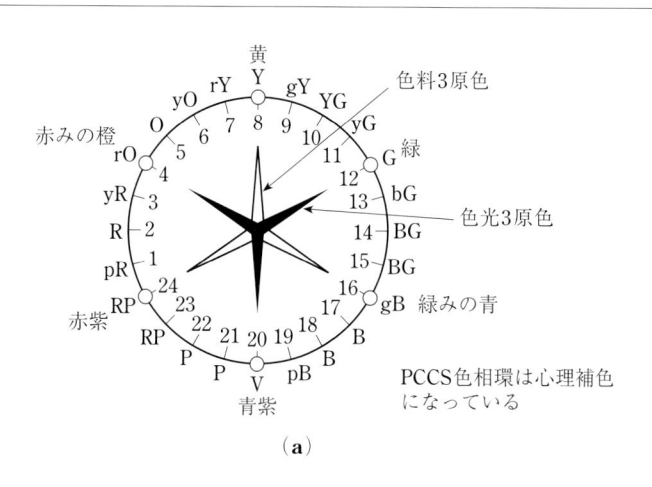

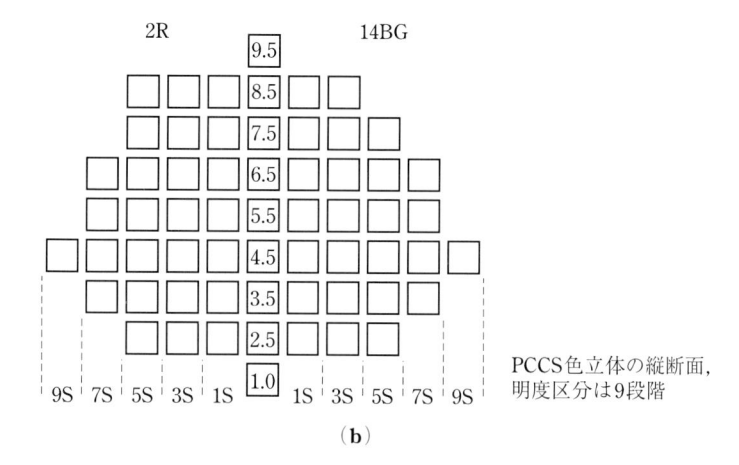

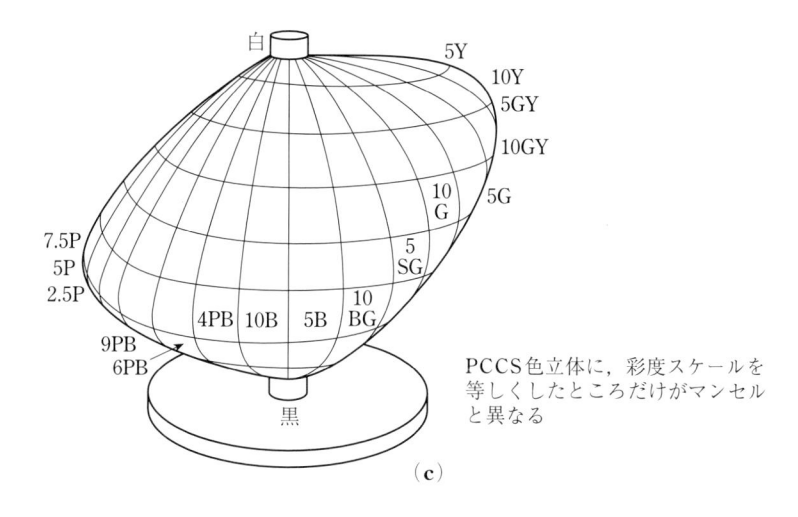

図 1.7 日本色彩研究所 PCCS

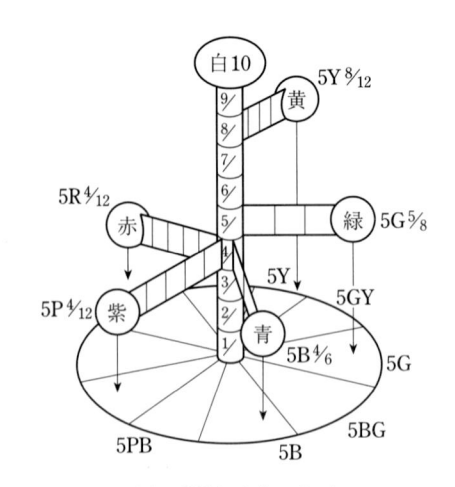

(a) JIS色立体の例示

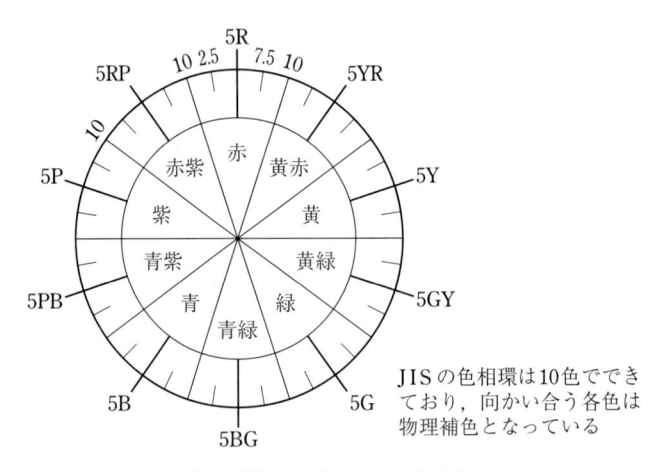

(b) JIS色表示 (40色) 物理補色

JISの色相環は10色でできており，向かい合う各色は物理補色となっている

(c)

JIS色立体の断面，彩度目盛りは偶数

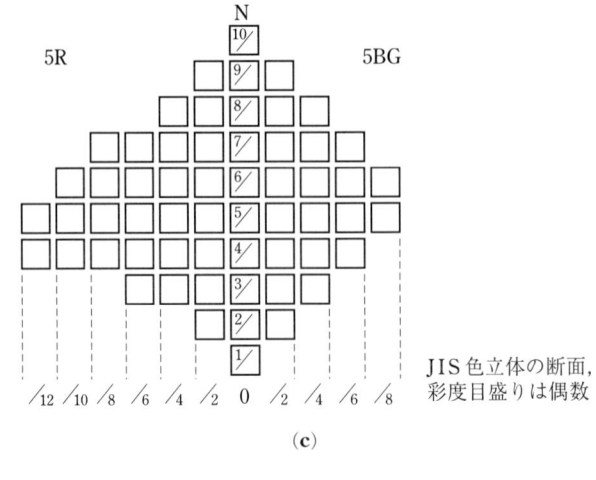

図 1.8 JIS表示

体系が異なると色票の表示形式も異なるが，オストワルド体系以外は同じ体系である．いくつかの体系による表示形式を表 1.1 に示す．

表 1.1

体系	表示方法	純赤では	無彩色（明度5）	摘要
マンセル体系	H・V/C	5R・4/14	N・V/0 (N5)	H=色相記号，V=明度値，C=彩度値
JIS 体系	H・V/C	5R・4/12		（図 1.8 c）
色研体系	l-m-n	1R-14-10	0-14-0	l=色相記号，m=明度値，n=彩度値
色研 PCCS 体系	l-m-n	2R-4.5-9S	0-5.5-0	
オストワルド体系	F-W-B	8-0-0	約 gg	gg は白 22, 黒 78, F=色相番号, W=白色量, B=黒色量

次に，色表示の構造を詳しく知るために，図 1.4 における明度軸，彩度軸，色相環についてやや立ち入って述べる．

1.3.4 明度と彩度，色相環

(1) マンセル体系

a. 明度

色の明るさの程度を明度として指標化し，尺度化する（明度は色票に対する光の反射率によって尺度化される）．わかりやすいので無彩色で考えると，光の反射率が低いほど暗い視覚となり，高いほど明るい視覚となる．黒→灰→白のように明るく感じる．

反射率の最低値（0 %）に明度の最小値を，最高値（100 %）に最大値を与えるように明度に数値を与える．マンセル明度はその間を10等分して 0~10 まで数値を与える．色研明度は同様にして 10~20 の数値を与える．

b. 彩度

次に，下を明度 0（黒），上を明度 10（白）にした無彩色のマンセル明度軸を垂直に立て，明度軸に直角に横軸をとり，中心軸すなわち無彩色を 0 として遠心方向に順次彩度 1, 2, 3, …と数記号で表示する．これがマンセル体系の彩度軸であり，その尺度化である．彩度軸は明度軸の周りに蝶番状に固定され 360°回転する．そして，このような彩度軸が明度軸の下から上までまとわりついて立体座標系が成り立っている．

彩度 1, 2 はわずかな色味のある灰色，彩度 3, 4…と増すにしたがい "にぶい色" から "鮮や

表 1.2 マンセル体系の純色の彩度と明度（full color について）

色相	彩度（明度）	色相	彩度（明度）	色相	彩度（明度）	色相	彩度（明度）	色相	彩度（明度）
2.5R	10(3~6)	2.5Y	12(8)	2.5G	8(5~7)	2.5B	8(4)	2.5P	10(3~5)
5R	14(4)	5Y	14(9)	5G	8(5)	5B	8(4)	5P	12(4)
7.5R	12(4, 5)	7.5Y	10(7~9)	7.5G	6(4~6)	7.5B	6(4~7)	7.5P	8(3~5)
10R	10(4~6)	10Y	8(7, 8)	10G	6(5, 6)	10B	8(3, 4)	10P	10(3~5)
2.5YR	14(6)	2.5GY	10(8)	2.5BG	8(4)	2.PB	10(4.5)	2.5RP	10(3~5)
5YR	12(6)	5GY	10(7)	5GB	8(4)	5PB	12(3)	5RP	12(4)
7.5YR	10(6, 7)	7.5GY	10(6,7)	7.5BG	6(3~6)	7.5PB	10(4)	7.5RP	10(3~5)
10YR	10(6, 7)	10GY	10(6)	10BG	6(3~6)	10PB	10(3~5)	10RP	10(3~6)

かな色"，"強い色"になり，ついに"純色"になる．純色とは光の反射率が色相の反射率によって占められるときの色票に相当する色のことである．ここで注意すべきことは，マンセル体系における純色の彩度は色相によって大きな差異があるという点である．表1.2に示すようにたとえば7.5G，10G，7.5BG，10BG，7.5Bの純色彩度は6であるが，5R，2.5YR，5Yの純色彩度は14である．また，色研体系の純色彩度は色相によって5から大きいものでは10がある．

c. 色相環

マンセル体系では，図1.5aのようにR（赤），Y（黄），G（緑），B（青），P（紫）の5色が等間隔放射線上に配され，その中間にYR（黄赤），GY（黄緑），BG（青緑），PB（青紫），RP（赤紫）の5色が配されている．マンセル体系の色相環はこの基本10色相がR，YR，Y，GY，G…の順に配置されてつくられている．この色相環はそれぞれの対向色，R：BG，YR：B，Y：PB…が物理補色となるようにつくられている．

基本10色相は，さらに1色相につき10等分の目盛りで細分化される．たとえば，R色相では時計回りに1R，2R，3R，…，10Rとし，5Rは純赤で，2.5RはRPに近よった赤，7.5RはYRに近よった赤という配列になっている．

その結果，色相環は100色相から成り立つことになるが，実用的には基本色相を4等分して40色相のものが使われている．R色相では2.5R，5R，7.5R，10Rである．

以上からわかるように，マンセル体系の立体座標系を明度軸に直角に輪切りにしても，純色彩度は色相によって異なるから，図1.5aに示すような円盤ではなく，円盤の変形を呈すること，そして色彩表示の立体座標系は，明度軸を下から上へと輪切りされた各の変形円盤の重なりとして成り立っていることを知る．

オストワルド体系を除いて，マンセル体系，JIS体系，色研PCCS体系とも同じ体系の成り立ちである．

JIS色相[注6]はマンセル体系に基づいて，1954年に40色相環を採用した．一方，日本色彩研究所（色研）によるPCCS体系の色相はオストワルドと同じく24色相である（表1.3）．PCCS体系における色相記号は図1.7aのように時計回りに番号がつけられている．

表 1.3

1. pR=紫みの赤	7. rY=赤みの黄	13. bG=青みの緑	19. pB=紫みの青
2. R=赤	8. Y=黄	14. BG=青緑	20. V=青紫
3. yR=黄みの赤	9. gY=緑みの黄	15. BG=青緑	21. P=紫
4. rO=赤みの橙	10. YG=黄緑	16. gB=緑みの青	22. P=紫
5. O=橙	11. yG=黄みの緑	17. B=青	23. RP=赤紫
6. yO=黄みの橙	12. G=緑	18. B=青	24. RP=赤紫

マンセル，オストワルド，JIS色相環では対立色相が物理補色であるが，色研色相における対立色相は心理補色であるところに特色がある（図1.7a）．

[注6] JIS色相索引ナンバー：JIS Z 8721（色の3属性による表示方法），JIS Z 8102（色名），JIS Z 8105（色に関する用語）

(2) オストワルド体系

a. 色相環

オストワルド体系では，図 1.6a のように Hering の 2 対の補色関係の色，Y（黄）：UB（藍），R（赤）：SG（青緑）を十字に配し，その中間に O（橙）：TB（青），P（紫）：LG（黄緑）を配し，基本 8 色相[注7]としている．

基本 8 色相は，さらにそれぞれが 3 等分され，合計 24 色相になっている．時計回りに 1Y, 2Y, 3Y, 1O, 2O, 3O, 1R, 2R, 3R, …とし，1，2，3，…24 の数記号で表示している（図 1.6a）．

この色相環は図 1.6a に示されるような環円形である．円環に配置された 24 の各色相は純色があてがわれた色票である．

オストワルド体系における色票表示形式の基本原理は図 1.6c に示すような菱形単位を呈することであり，ここには記号，白量，黒量，色量が記号または数値で書かれている．円環上の色票，たとえば R（赤）をとりあげてみると，その色票の菱形単位には記号なし，白量ゼロ，黒量ゼロ，色量 100 と書かれている．この色票は純色を示している．

前にも触れたように，純色とは光の反射率が色相（例では赤）の反射率によって占められるときの色票に相当する色のことであり，最も鮮やかな赤に相当する．他の色相を取り上げた場合も同じである（図 1.6c）．

色相の鮮やかさが失われてた状態を考えてみよう．それはオストワルド体系によれば光の反射率が色相の反射率以外に白量や黒量の反射率が混じった状態をいう．

たとえば図 1.6c のような菱形単位が構成するオストワルド色立体断面の頂点を占める菱形単位以外の菱形単位は程度の差はあれ，どれも鮮やかさの失われた色票である．その中の一つに注目すれば記号 ie，白量 14，黒量 65，色量 21 と書いてある．この色票は全体の 14%を白量反射により，65 %を黒量反射により，21 %を色量反射によって視覚された光を示すものであり，純色の色票に比べて鮮やかさが劣ることが感覚的に理解できる．

b. 明度

オストワルド明度はマンセル明度とは逆に，反射率の最低値に明度の最後位記号 p を，最高値に最先位記号 a を与えるように明度を尺度化し，白→灰→黒の順に等間隔で a, c, e, g, i, l, n, p の 8 記号を与え，図 1.6c のように白系列，黒系列に順序よく a～p を割り当ててその組み合わせとして該当する菱形単位にしかるべき記号を与えてある．任意の菱形単位には記号，白量（W），黒量（B），色量（C）が記入されている．このとき，その菱形単位の色票の反射

表 1.4 オストワルド体系の純色反射率 C_y

色相番号		C_y	色相番号		C_y
	1	0.88		13	0.12
Y	2	0.76	UB	14	0.24
	3	0.66		15	0.34
	4	0.49		16	0.51
O	5	0.38	T	17	0.62
	6	0.33		18	0.67
	7	0.27		19	0.73
R	8	0.24	SG	20	0.76
	9	0.22		21	0.78
	10	0.18		22	0.82
P	11	0.14	LG	23	0.86
	12	0.13		24	0.87

色相番号は図 1.6a オストワルド色相環

[注7] Ostwald 色相：Y=Yellow, O=Orange, R=Red, P=Purple, UB=Ultramarin blue, TB=Turquoise blue, SG=Sea green, LG=Leaf green

率は純色色票の反射率 100 に対する比反射率として次の式で与えられる．これがオストワルド体系における明度である．

$$Y = W + C_y \times C$$

ここに，C_y：純色の反射率で，24 色相についての値を表 1.4 に示す．

例として，色相番号 8 番（2R（赤））の記号 ie の色票の比反射率を求めれば，

$$Y_{8ie} = 14 \times 0.24 \times 21 = 19.04 \,(\%)$$

であり，この色票の明度を表している．オストワルド体系における色票の明度は上式によって計算される．そのため色票記号から明度が直接的にとらえられない不便さがある．

表 1.5 は体系別の明度と反射率を示したものである．

表 1.5 体系別明度と反射率

マンセル体系		色研体系		オストワルド体系	
明度	反射率	明度	反射率	明度	反射率
		10			
1	1.2	11	4.2	p	3.5
2	3.0	12	5.8	n	5.6
3	6.5	13	9.4	l	8.9
4	12.1	14	12.5	i	14
5	19.1	15	17.1	g	22
6	30.3	16	24.5	e	35
7	43.1	17	33.7	c	56
8	59.1	18	45.5	a	89
9	78.7	19	63.1		
9.5	90.0	20	88.0		

c．彩度

色票の菱形単位に書かれた白量，黒量の数値は純色に対する白，黒の混入程度を示すものである．したがって，この数値が彩度を表示している．

1.3.5 マンセル体系，オストワルド体系の特徴

(1) マンセル体系

色票は色相，明度，彩度の 3 属性で表示してあるので使用に便利である．そのうち，彩度数値は色相によって大きな差異があるので，数値だけで安易に取り扱うと間違いやすい．

(2) オストワルド体系

色票の明度と彩度は白量，黒量で表示してあるのでわかりにくいが，どの色相も白量，黒量，色量の合計が 100 になるように同一分量としているので，配色するときは都合がよい．また，明度における白量が対数的等差間隔となっており，感覚的等差間隔となっていないので取り扱い上の注意を要する．

以上のことから，一般にはマンセル体系が多く利用されている．

1.3.6 色名について

色名表示は記号で取り扱うのが最良の方法であるが，わが国では JIS の慣用色名（表 1.6）

表 1.6 JIS 慣用色名 (JIS Z 8102)

慣用色名	マンセル記号	慣用色名	マンセル記号
ピンク	2.5R 7.0/5.0	青磁色	2.5G 6.5/4.0
茶色	5.0YR 3.5/4.0	エメラルドグリーン	4.0G 6.0/8.0
オリーブ	7.5Y 3.5/4.0	青竹色	2.5BG 5.0/6.5
サンゴ色	2.5R 7.0/10.5	アサギ	2.5B 6.5/5.5
桃色	2.5R 6.5/8.0	シアン色	5.5B 4.0/8.5
紅梅色	2.5R 6.5/7.5	水色	6.5B 8.0/4.0
紅色	3.0R 4.0/13.5	空色(スカイブルー)	9.5B 7.0/5.5
アカネ色	4.0R 3.5/10.5	アイ色	2.0PB 3.0/5.0
エンジ色	4.5R 4.0/10	紺ジョウ色	5.0PB 3.0/4.0
朱色	6.0R 5.5/13.5	紺(ネービーブルー)	6.0PB 2.5/4.0
スカーレット	7.0R 5.0/14	コバルトブルー	7.0PB 3.0/8.0
アズキ色	8.0R 4.5/4.5	群ジョウ色	7.5PB 3.5/10.5
トビ色	8.5R 3.0/2.0	フジ色	10PB 6.5/6.5
赤サビ色	9.0R 3.5/8.5	スミレ色	2.5P 4.0/11
サビ色	9.0R 3.0/3.5	ナス紺	7.5P 2.5/2.5
チョコレート色	9.0R 2.5/2.5	ボタン色	3.0RP 3.0/14.5
ココア色	2.0YR 3.5/4.0	トキ色(ライラック)	7.0RP 7.5/8.0
クリ色	2.0YR 3.5/4.0	桜色	10RP 9.0/2.5
膚色	5.0YR 8.0/5.0	ローズピンク	10RP 7.0/8.0
焦茶	5.0YR 3.2/2.0	銀ネズ(シルバーグレイ)	N 6.0/0
アンズ色	5.5YR 7.0/6.0	ネズミ色	N 5.5/0
ミカン色	5.5YR 6.5/12.5	金色	―
オレンジ色	6.0YR 6.0/11.5	銀色	―
コハク色(アンバー)	8.5YR 5.5/6.5		
卵色	10YR 8.0/7.5		
山吹色	10YR 7.5/12.5		
黄土色	10YR 6.0/9.0		
セピア	10YR 2.5/2.0		
カーキー色	1.5Y 5.0/5.5		
ゾウゲ色(アイボリー色)	2.5Y 8.0/1.5		
クリームイエロー色	3.0Y 8.0/12		
カラシ色	3.5Y 7.0/6.0		
クリーム色	5.5Y 8.5/3.5		
カナリヤ色	7.0Y 8.5/10		
レモン色	8.5Y 8.0/11.5		
ウグイス色	1.5GY 4.5/3.5		
草色	5.0GY 5.0/5.0		
モエギ	6.0GY 6.0/6.0		
若葉色	7.0GY 7.5/4.5		
松葉色	7.5GY 5.0/4.0		

トーンによる修飾語の分類

明度↑ 彩度→

- 白 ／ ～みの白 ／ 薄い (pale)
- 明るい灰 ／ 明るい灰みの (light grayish) ／ 浅い (light) ／ 明るい (bright)
- 灰 ／ ～みの灰 (ishgray) ／ 鈍い (dull) ／ 強い (strong) ／ さえた (vivid)
- 暗い灰 ／ 暗い灰みの (dark grayish) ／ 暗い (dark) ／ 濃い (deep)
- 黒 ／ ～みの黒

Memo　トーンによる色名の修飾

トーンによる色名の修飾には，薄い (pale)・明るい灰みの (light grayish)・明るい (bright)・さえた (vivid)・強い (strong)・浅い (light)・にぶい (dull)・灰みの (grayish)・濃い (deep)・暗い (dark)・暗い灰みの (dark grayish)・…みの灰 (…ish gray) と，それに，…みの白 (…ish white)・…みの黒 (…ish black) の14種類がある．
(日本色研の説明文より引用)．

と，色研で開発したトーン色名が一般に使用されている．

そのほか，利用される色名をあげれば，オールドローズ：1.0R・5.8/6.3，アイボリー（象牙色）：2.5Y・8.0/1.4，古代紫：7.5P・3.9/6.0，ナス紺：7.5P・2.4/2.3，紫紺：8.5P・2.0/4.0，ネービーブルー：6.0PB・2.3/3.9，モスグリーン：7.5Y・6/6，ベージュ：5YR・7/3，ラベンダー：5.5P・6.0/4.8，パールグレイ：2.5Y・6.7/0.7 などがある．

このように，トーンで修飾形容された色名は，一般色名のうちに入るが，これらは独自な発想に基づいているから，ここではJISの一般色名とは別に，トーン色名（系統色名）として区別して扱う．

これらの修飾を基本色名につければ，トーンによる色名ができる．たとえば，色相赤のおもな色をトーン別に修飾し，同時に系統色名としてあげてみると，薄い赤（ペールピンク）・浅い赤（ピンク）・明るい赤（ローズ）・さえた赤（純色の赤）・強い赤（ふつうの赤）・濃い赤（エンジ色）・にぶい赤（オールドローズ色）・灰みの赤（梅ねず）・暗い赤（紅えび茶）というふうになる．

1.4 色の心理的効果

私たちは視覚から得られる色によっていろいろな感情をもつ．それは色が人間心理に作用する性質と，また逆に人間が慣れ親しんできた色彩を嗜好する性質によると考えられる．色はこれらが相互に影響しあい人の心に反応を起こさせる．この心理的効果の知識は，色彩調節や色彩計画を立てそこに機能性，合理性，快適性などをもたせるのに役立つ．

このとき，たとえば，壁面，立体空間などに無彩色を配して，審美観に訴えるデザインを施すなど，心理的効果のみではデザイン美につながらない場合もある．このことも考慮しながら，色の心理効果について述べる．

1.4.1 寒色と暖色

色には暖色と寒色がある．赤，黄，橙，茶色系は暖かく感じ，青，青緑系は冷たい感じがする．この性質を使えば，南面の自然光の入る部屋，あるいは熱作業室では寒色系の青緑系を配し，また，北面の部屋では暖かい色を配することが合理的であることがわかる．

地域的には北陸，東北，北海道などの寒い地方では暖色系を配することが理にかなっているということになる．とくに構造物色彩についてこのことを留意しておくとよい．

1.4.2 軽重感，威厳と軽快

濃いダーク色は重く感じ，明度の高い淡い色は軽快な感じがする．たとえば，鉄の門扉でも黒色は重い感じがするが，白色だと軽快な感じがする．白色系のあしらいは軽快さを表出する観光船，新幹線の車両，乗用車などに多くの事例が見られる．

デザイン面からみれば新幹線の車両のようにツートーン調にするのも一つの方法である．

1.4.3 進出性と後退性

暖色系色彩の物体や壁面は前へ出るように見えるが，寒色系では同じものでも引っ込むように見える．これは，球眼の水晶体が屈折度を調節しているからである．すなわち，プリズ

ムの屈折で赤は青より屈折率が低いことからわかるように，眼球から定位置にある網膜に像を結ぶためには，青色を見るときは水晶体は薄く調節され，赤色の場合は厚く調節される．その結果，赤を見るときは映像は前へ進出しているように見える（図1.9）．

天井を高く見せる場合は寒色系の淡いグレイ色を用いるとよい．

1.4.4 明度による広がり

明るい部屋は広く感じるが，暗い部屋は狭く感じる．街路景観において，日陰の道路は狭く感じるが，明るい道路は広がりを感じる．これはこの性質による．

1.4.5 膨張と収縮，大小と面積比

白は膨張して見え，黒は収縮して見える性質がある．そのため，黒い色は面積が小さく見える．実際，碁石の黒石は白石より径を大きくつくってある．また，同じ白でも，順光下と逆光下で見え方が異なる．順光の場合，光が白に当たり，乱反射して実物より大きく見える．たとえば，白い棒を逆光にさらすとき，順光のときより細く見える．

絵画デザインでは白（明るい部分）の面積と黒（ダークな部分）の面積の対比により画面を構成する．これを面積対比という．また，白の発色を鮮烈にするために黒を一部アレンジするという工夫もある．これを縁辺対比効果という．

構造物はバックが白のときは，そのダークな物体はいっそうダークに見える．そして，その物体は小さめに見える．風景画で見かける白に対する黒のアレンジ例として，明るい景観表出のために，近景にダークの色を配するよう心がけるといっそう明るい画面となる．

これらの性質を構造物デザインに応用するとよい．

1.4.6 居心地

暖色系で明度の高い色は反射光が強いので，そういう環境に置かれると人前に立たされたような感じになり落ち着かない．反対に夕暮れの薄暗い部屋に佇むような明度の低いダークの環境は居心地がよい．

明度に関する居心地の性質を考慮に入れれば，食堂で客の回転を良くするには暖色系の明度の高い室内配色を，落ち着きのある喫茶店では暖色系でも明度の低い室内配色をということになる．

この性質は色彩デザインにも適用できる．歩道でのブリックタイル（レンガ色）の落ち着きはこの性質に由来する．高架橋の桁裏は，人，車が往来するので明度の高いソフトな色を用いるとよい．

1.4.7 連　想

色は私たちに刺激的，幻想的，ロマン，ソフト，清潔などさまざまな感じを与える．過去

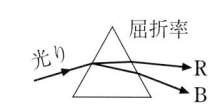

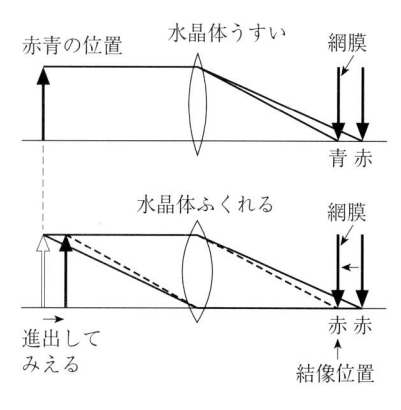

図 1.9

の経験の場面が色によって呼び起こされる．これらは人それぞれの感覚であるが，色による心理効果に共通性がある．これが色彩による連想である．この連想は生活経験や，風俗，習慣，風土と関係し，地域の生活環境とのかかわり合いから起こると考えられる．

この応用として，近年の生活環境の優雅さに合わせて，企業が製品の良質，高級，優雅さを連想させるために，広告，製品デザインと色彩，包装，カレンダーなど統一的なイメージアップをするCI[注8]活動によって連想を高めるやり方もある．

堅苦しい企業名をカタカナに，無関係な親しみやすい呼び名に，社名ローマ字を装飾性デザインで，といった形でその適用は拡張されている．

1.4.8 色による注意表示

連想の派生であるが，消火器，航空郵便ポスト，工事用機械，踏切，雪山登山の服装などに見られるように色による注意力の喚起がある．

わが国に色彩調節（いわゆるカラコン，color conditioning）が入ってきた頃（1955年）の話であるが，電力会社のトンネル工事現場で車両事故があった．また，夜間，路肩に駐車中の車両に追突事故があった．当時のジープの色はマルーン（赤系コーヒーブラウン）であった．事故は，夜間，これらの車両の視認性がきわめて悪かったことによるもので，社内の色彩委員会でオレンジ色に変え，その後，事故防止に役立った．オレンジ色の車両は，谷底に転落した場合にも発見も早かったということである．

土木構造物の色による注意表示の好例は，関越自動車道のトンネル入口の色である．そのネービーブルー色は，雪に対する配慮がデザイン上うまくいっている．

1.4.9 衛生管理と色彩

白は衛生的な感じがするので，食卓のカバー，医師の上衣などに用いられる．手術の場合には緑の上衣とするケースも多い．これは手術による血の赤と着衣の緑は補色であり，眼に疲れを感じさせないとされる．

病室の配色は緑灰色を用いることが一般的である．緑灰色はクールで落ち着くので，マンセルが1905年にこのことをいい出した．なお，小児科病室では子供の楽しむパステル調の暖色とするとよい．

1.4.10 色の視認性，判読性，注目性

明るい昼間と夕方の色，白の背景の中の色のように，周囲の環境の違いによって色の識別は異なる．これをプルキニエ現象（Purkinje effect）という．夕方になると赤い花は見えないが，青い花はよく見えるという識別の異なりを色の視認性という．白をバックにした青色は，青の部分がシルエットとなり形はわかるが，青の固有の色は見えない．この場合，青の視認性はないが，判読性があるという．黄色のような高明度色，赤のような高彩度色は心理的刺激度が高いので，目立つ．これを色の注目性という．

これらの性質を交通安全対策，文字判読，注意標識などの実用に役立てる．白のガードレールはその一例である．橋梁の高欄，道路のガードレールなどの場合，一般にクリーム色，

[注8] CI（corporate identity）：企業特性のこと．本書では，CIを地域特性（community identity）の略にも用いている．

白が用いられている．これはドライバーの安全の立場から，その色の注目性を重視した配色である．近年は，緑や灰色のガードレール，茶色の消火栓，黒の高欄など，周囲との環境調和を重視するような色彩も見られるようになった．

1.4.11 明順応，暗順応

10^1〜10^5 lx [注9] 程度の暗い状態での眼の反応を明所視，10^{-3}〜10^{-1} lx 程度の暗い状態での反応を暗所視という．図 1.10 は，国際照明委員会（CIE）が視角 2° に対する明所視および暗所視の比視感度特性[注10] を心理物理学的な方法によって測定した結果である．なお，視角とは見ている物体の両端と視点を結ぶ 2 直線の間の角度である．

これから，人間の眼の視感度は緑色近くで最大であることがわかる．

明所視における，その明るさ（輝度）に対する順応のことを明順応という．人間の眼は，暗い所から明るい所へ出た場合に，網膜の感光性が調節されて弱くなり明るい視野に慣れるようになるが，明順応はその慣れる時間で表される．通常の場合，人間は明順応に 0.2 秒くらいかかる．

この反対に，明るい所から暗い所へ移ったときの順応を暗順応という．暗順応に要する時間は明順応に比べてはるかに長く，眼が暗さに慣れるまでには 10 分ぐらいかかり，完全に

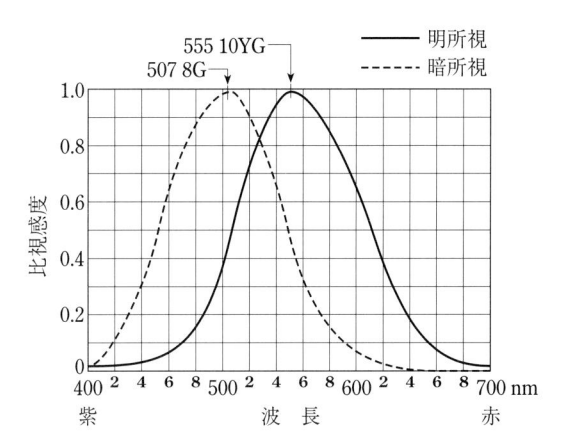

図 1.10 人間の眼の比視感度特性

順応してよく見えるようになるには 30 分ぐらいかかる．それゆえ，トンネル入口で交通渋滞が発生するので，トンネル入口の色彩に工夫が必要となる．

明順応，暗順応を合わせて輝度順応という．

注9）lx：照度の SI 単位でルクスと読む．
注10）比視感度：等しい明るさ感覚を生ずるのに必要なスペクトル単色光のエネルギーの逆数の相対値．

2章　色彩の調和

わが国に物理的，生理的色彩論に基づく色彩調節 (color conditioning) の考え方が入ってきたのは 1955 年頃である．その頃の色彩調和論は色彩調節が主であり，建築分野においてはこれに美的効果を付け加えていたといえる．しかし，最近では美的効果の方を主として考える色彩調和 (color harmony) になっている．色彩計画 (color planning) の目的は色彩調節主体から色彩調和主体へと変化してきた．

色彩調和を考えるには，その基礎をなす色彩対比の概念を知る必要がある．色彩対比の特性を知って色彩計画に役立てたい．

2.1　色彩対比

図 2.1 において B を見る場合，A の色を見て次に B の色を見る場合と，C を見て次に B を見る場合とでは，最初に見た A と C の違いのため，B の色は異なって見える．これは A と B，また C と B を併置しても同様である．この現象を色彩対比現象という．

色彩対比には次のようなものがある．

i. 時間的対比
   継続対比（経時対比）
   同時対比
   縁辺対比
   同化作用
ii. 色の 3 属性対比
   明度対比：有彩色，無彩色，有彩色・無彩色混用における明度の対比
   彩度対比：grayish の度合いの対比
   色相対比：補色対比も含まれる．
   複合対比：色相，明度，彩度，無彩色を混用する対比

以下では，色の 3 属性対比について述べる．

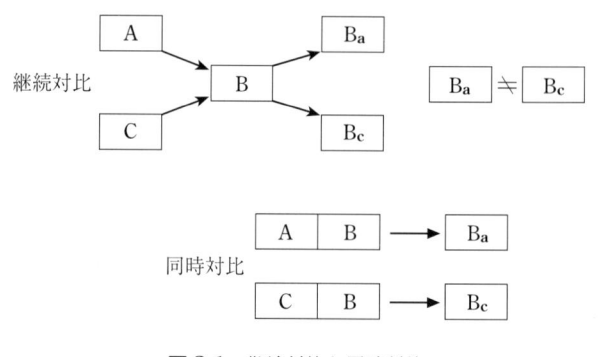

図 2.1　継続対比と同時対比

2.1.1 明度対比

明度対比は周囲の色の明度の違いによって，同じ明度の色が暗く見えたり明るく見えたりする現象である．明度対比は無彩色の例によって説明すると，最も理解しやすい．

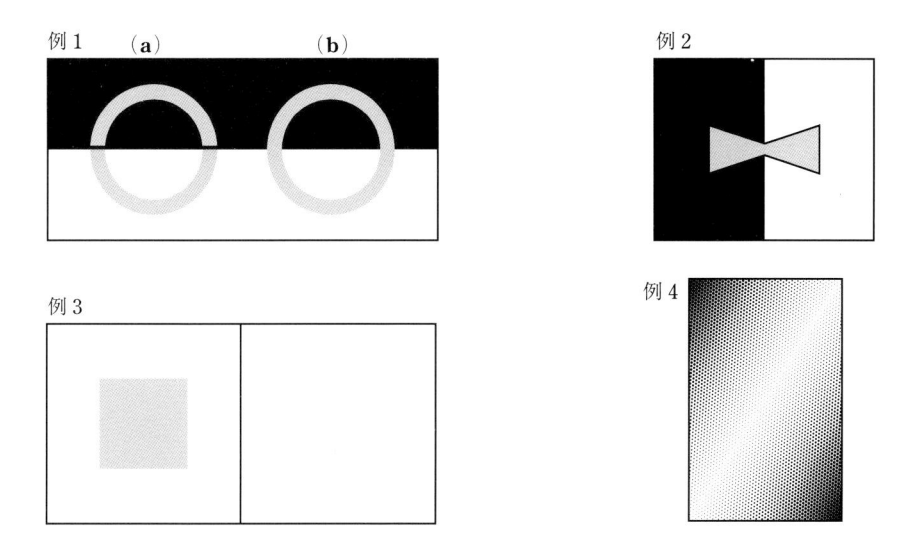

図 2.2 明度対比

例1，2：同時対比．2リング，蝶型の灰色はバックが黒の時はいっそう明るく，バックが白の時はいっそう暗くなる．

例3：継続対比．灰色部分をしばらく見つめて，白紙に眼を移すと，灰色面積が白く輝く．縁辺対比．四角形を灰，黒にして見つめると縁辺が明るく輝く．

例4：点描効果．色が輝く．

例1においてリングを橙色に白部を黄色，黒色を濃紺色にすると，黄色をバックにした橙リングはさらにダークに見えるし，濃紺色をバックにした橙リングは黄みの橙色と変わって見える．これは有彩色明度対比の一例といえる．

例4において，黄と青を点描すると，緑に融合する．このような点描式の作画では色彩が輝くが，これは緑みの黄色がちらつくのである．この点描式を開発したのが，新印象派のスーラー，シスレー，シニャックの画家達であった（1880年頃）．日本では一水会の高田誠，広瀬功，春陽会の岡鹿之助らがいる（点描派）．

色彩デザインにおいては，明度の高い色彩をさらに高く引き立てるために，一部に濃紺，黒等暗いものを配色する．同値をもつ明度対比は変化を求められない．

2.1.2 彩度対比

極端な例として，彩度0と純色（full color）の対比がある．彩度0は白・灰・黒のことであるが，灰色と純色とを対比させると，色彩調和に見ごたえがある．純色とまでしなくても彩度差を大きくとると色彩調和で見るべきものがある．同色系統（同一色相）の彩度差のみならず，色相の異なるものでも彩度差によって効果を発揮する．

2.1.3 色相対比

　一つの色相を見ると，それと反対色の残像が生じる．たとえば赤を見ると残像に青みの緑が生じる．この青みの緑は非常に淡い色であるが，この残像現象が残っている間に緑を見ると，残像の青みの緑と重ね合わされ（加法混色），この緑は発色効果がさらに発揮される．このような色相対比を補色対比という．また，赤を見て，次に黄を見ると赤に起因する青みの緑の残像現象が，黄色に影響して緑みの黄色に見えてくる．この色相対比は時間的には継続対比であるが，2つの色相を併置しても同様のことが起こる．

　このように一つの色相を見つめると，これと反対色の残像が生じるので，他の色が補色の場合は発色効果を期待することができる．また，他の色が任意の色であれば，残像影響による色のずれが生じる．画家は補色対比を利用して色の輝きを期待する．

　2色対比――赤：青，青：黄，赤：黄――では，赤：青，赤：黄は危険な対比となるので留意が必要である．赤：青は不協和音的なものであるので，画家はそれをアイポイント的に利用する．また色彩デザインでは赤：黄は不調和である．たとえば，バス，タクシーの色で見かけることがある．このような場合，明度対比，彩度対比を考慮するといくぶん救われる．なお，赤：黄の場合，金線を利用すると効果がある．

2.1.4 複合対比（有彩色と無彩色）

　色彩計画における色対比は美的調和を追求することである．このことは明度対比，彩度対比，色相対比個々にはありえない．色の3属性を活用し，さらに色彩面積を考慮し配色されるのである．しかも，有彩色の配色にとどまらず，無彩色の活用がデザイン美を創造する根元ともいえるものである．とくにこの無彩色採用による色彩調和の美は，景観調和論にもつながるもので，重要なことがらである．

2.1.5 補色（余色）

　1.2節で述べた補色に関し，心理補色は眼に映ずる発色効果が期待できる．この心理補色は色研体系の色相環で反対色が補色となっている．われわれが身近に簡便に作成する方法としては，色料の3原色R（赤），B（青），Y（黄）を利用するとよい（**1.1.1** 参照）．

　　補色関係
　　　　赤：（青＋黄）→赤：（緑）
　　　　青：（赤＋黄）→青：（橙）
　　　　黄：（赤＋青）→黄：（紫）

補色関係を作成するには3色を利用する．ただし，補色対比は正しくなされなければ効果がなくなる．たとえば，色研体系に基づく赤：青緑，緑：赤紫は補色関係にあるが，これを赤：青，緑：紫と取り違えることがある．この場合，補色効果はなくなる．

2.1.6 発色効果と黒線，金線の活用

　色相対比で発色が冴えない場合に，その境界に黒線を利用することがある．黒線で縁取りすることによって，発色はさらに鮮やかとなる．ただし，色相自体がダークのもの，たとえば青，紫の場合には黒の縁取りをしても，それほどの効果は望めない．しかし，明度対比を考慮すれば発色効果が期待できる．例としては，ステンドグラス，独立美術協会の林武の絵

画があり，建築関係でも黒を活用する場が多くなっている．色相は黒と対比させると発色がよくなるのである．また，金線を境界に利用することは建築の内装ではよく見かける．デパートの階段などに用いられる真鍮の縁取り利用がこの例である．

2.2 色彩調和論
2.2.1 色彩論誕生の経緯

色彩における配色技法の展開を歴史的にたどることができる．17世紀になって，ニュートン (1643-1727) は1666年に色光分析を発表し色彩物理学の発足をうながした．文豪ゲーテ (1749-1832) は1810年に色彩美学[注11]で人間と色とのかかわり合いを発表した．1812年に入ると (Young and Helmholtzによる) 色彩3原色の発表があった．それまで宗教画を主体とした絵画の世界でも7月革命の1830年頃から野外写生が行われるようになり，画面に太陽光線を色彩としてとらえ，補色関係の表現の誕生を見ることとなった．陽光のもとで，自然の色をとらえ，追いつめ，補色関係による光の映発を感得し，画面に輝きを表現した．このような絵画の追求をした人々が印象派の画家であった．このころは自然科学勃興の時期でもあった．

ミレーの1840年ごろの作品などにも印象派と同様な色彩の取り扱いが見られる．ちなみに「印象派」という呼称は，モネの1872年の作品「印象―日の出」から取ったもので，1874年以降を印象派と呼んでいる．印象派はさらに次のような進展が見られた．

　　　　印象派　→　新印象派　→　後期印象派

「新印象派」は今までの印象派の色彩理論（補色関係）を，さらに点描式タッチ技法で表現した．スーラー，シスレー，シニャックらを生み，構図にも様式化が見られた．「後期印象派」は印象派の色理論のもとで主観描写となっている．客観的描写から前進して，画面躍動の源泉となるデフォルメによる主観描写となっている．

色彩調和とのかかわりあいのある印象派の経過をたどると次のようになる．

[絵画]
　　1830年　　バルビゾン派（野外写生）　　コロー，ミレー，クールベ
　　　｜　　近代絵画発祥[注12]　　ダビット，アングル→ドラクロア→クールベ
　　1850年頃　印象派絵画確立　　クールベ，マネ，モネ，ピサロ
　　1874年　　印象派名誕生　　モネ（「印象―日の出」1872から）
　　1880年頃　新印象派（点描派）　　スーラー，シニャック，シスレー
　　1882年頃　後期印象派　　ゴッホ，セザンヌ，ゴーギャン
　　　｜　　この間の印象派系統画家　　ボナール，ルノアール，ドガ，モネ
　　1905年　　野獣派[注13]　　マチス，ヴラマンク，デュフィ，ルオー，ドラン

注11) ゲーテ (1810)：「色彩学のために」ゲーテ全集　第14巻．東京ゲーテ記念館，北区西ケ原2-30-1
注12) 近代絵画の発祥 (1830-1860頃)：19世紀初頭，ギリシャ，ローマに取材し画壇を支配していた新古典主義のダヴィトおよびアングル (1780-1867)，これに対立して人間の苦しみや悶えにふれて，色彩筆勢も奔放となったロマン主義のドラクロア (1799-1863)，さらに身近な日常生活感情を表現し，民衆の中に根をおろした写実主義のクールベ (1819-1877) により，近代絵画も確立されてきた．
注13) サロン・ド・トンヌに出品された作品の表現の激しさに与えた名である．

1907年頃	立体派・抽象派・表現主義		ピカソ，ル・コルビュジェ，カンジスキー[注14)]

[色彩学]
1905年	マンセル（1858-1918）による色彩調節の発表（アメリカ）
1918年	オストワルド（1853-1932），色彩表示法，色彩調和論（ドイツ）
1923年	オストワルド，8色体系発表（p.4脚注参照）.
1944年	ムーン（P. Moon）とスペンサー（D. E. Spencer）が色彩調和論を共同発表（アメリカ）

2.2.2 デザイン色彩と絵画の色彩

　色彩論の発祥は印象派絵画に負うところが大きいが，しかし，絵画は一つの枠（額縁）の中における主観による心象表現であり，色彩の取り扱いも作家の感情による発色強調の意図がある．そこには，画面における発色効果の発揮，光の画面表現に作為的なものが認められる．たとえば，発色効果としては明暗対比もあるが，色の映発効果の現れとして補色対比が活用される．また，光を画面に表現する方法として点描効果の技法をとり入れている．この点描効果としてはあえて点描派画家に限らず一般に画面に内蔵するかたちで普通に用いられる技法である．このように光をとらえることと同時に反射光の照り返しも見落とすことはできない．空気の存在も表現される．一つの物体が日陰であっても見えるということは，反射光がその物体に映るからであり，またその固有色をもつ物体が距離によって，あるいは時刻によって，視覚には違ったものとして映ってくる．

　このように絵画では自然外光をとらえているが，デザイン色彩はデザイン美のためのものであるので本質的に色彩の取り扱いに相違がある．デザインにおいては構造物の造形上にもとづくテクスチュア対比のための効果的な配色があり，さらに環境との調和が基本である．

　しかし，色彩論を学ぶものとしては，色彩画家ボナールまたマチス等に学び色対比の発色効果のあり方を把握することも意義がある．なお，絵画の場合は色の効果として美しい色を並べ立てるものでもないし，寒色系あるいは暖色系でまとめることもある．要は"美"の発祥には作家の意図があって，それをいかに表現するかであり，下塗効果も重視される．

2.2.3 オストワルド色彩調和論

　オストワルドは彼の創案した色立体（上下円錐体）において『色の調和論』（1931）を発表した．

(1) 単色調和

　a. 明暗系列の調和（図2.3a）

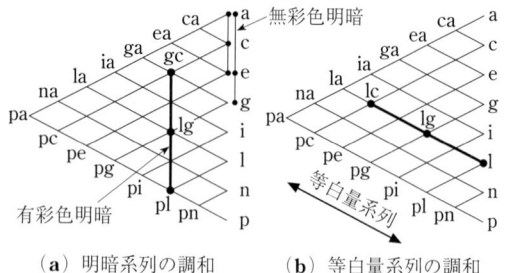

（a）明暗系列の調和　　（b）等白量系列の調和

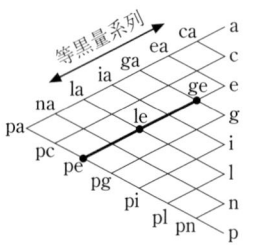

（c）等黒量系列の調和

図2.3 単色調和

[注14)] カンジスキー：「内的な響」の表出．装飾性がある．

b. 等白色量系列の調和（図 2.3b）

c. 等黒色量系列の調和（図 2.3c）

図 2.3a の明暗系列の調和は無彩色の場合は等間隔（a,c,e）あるいは（a,e,g）の場合も調和するとしている（a,c,eは近似等間隔）．

(2) 2色調和

d. 同一彩度，補色対比（図 2.4a）

[例]　2na：14na

e. 彩度対比（補色対比で）（図 2.4b）

[例]　5ia：17pi

　　　5pi：17ia

(a) 等白等黒量の色対比

(b) 彩度対比，補色対比

(c) 色相環

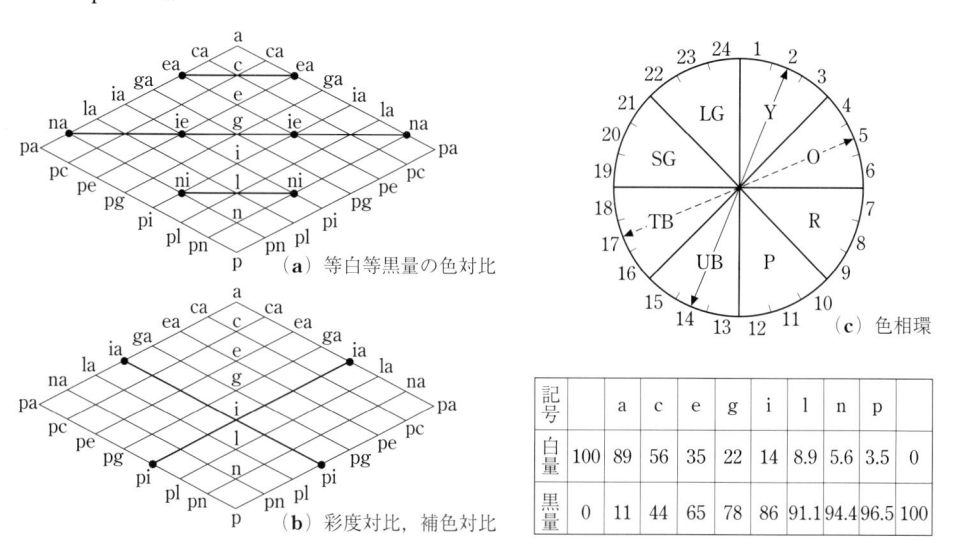

記号	a	c	e	g	i	l	n	p
白量	100	89	56	35	22	14	8.9	5.6	3.5	0
黒量	0	11	44	65	78	86	91.1	94.4	96.5	100

図 2.4 2色調和

2.2.4 ムーン・スペンサーによる色彩調和論

ムーン（P. Moon）とスペンサー（D. E. Spencer）による色彩調和論（1944年）では，マンセル体系を用いて図2.4のように色彩調和領域を定量的に説明している（色彩調和はマンセルN5を順応点としている）．

この色彩調和論では，快感を与える配色を調和とし，不快感を与える配色を不調和としている．調和するのは同等の色，類似の色，対比の色であり，ごく似た色，やや違った色のようにあいまいな色どうしは不調和としている．

なお，対比調和をさらに分けて異色調和，補色調和に区分している．色相環についてはマンセル体系は100分割しているので使いやすい．

ただし，

(1) 色彩による連想 association，

(2) 色彩の嗜好 preference，

(3) 色彩の適合性 stuitability

は除外して調和論を考えている．

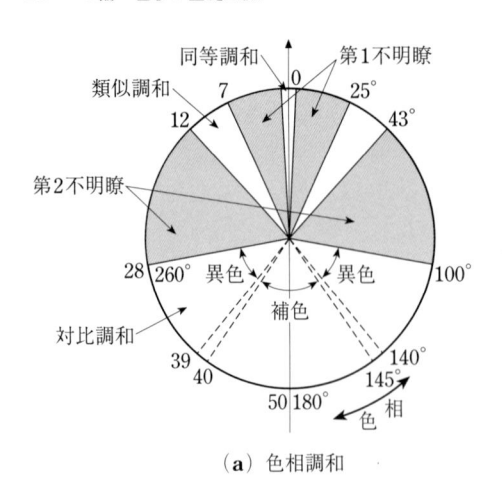

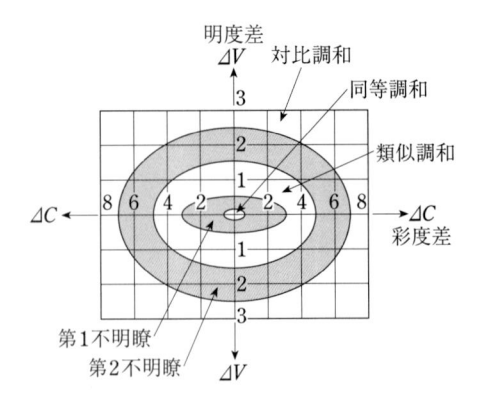

(a) 色相調和

(b) 明度, 彩度の調和

図2.5 (a) 色相調和と (b) 明度, 彩度の調和

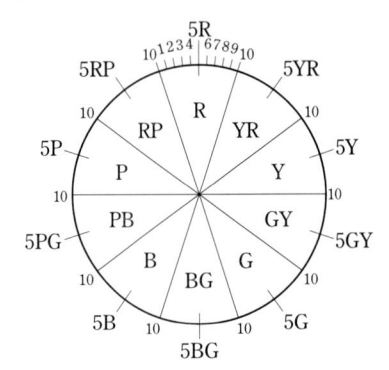

[例] 赤 (5R) を主色とした場合の調和の説明 (図2.4a と図2.5)

- 同一調和 (identity)

  $+1 \sim -1$

- 類似調和 (similarity)

  $7 \sim 12$ (左右対称), 角度では $25°\sim 43°$ (右側).
  1.5YR～6.5YR

  $7 \sim 12$ (左右対称), 角度では $25°\sim 43°$ (左側).
  3.5RP～8.5RP

- 対比調和 (constrast)

  $+28 \sim -28$ (左右対称), 角度では $100°\sim 260°$. 2.5GY-G-BG-B-7.5PB

- 第1不明瞭 (1st. ambiguity)

  $0.1 \sim 7$ (左右対称), 角度では約 $2°\sim 25°$ (右側). 7R～1.5YR

  $0.1 \sim 7$ (左右対称), 角度では約 $2°\sim 25°$ (左側). 3R～8.5RP

- 第2不明瞭 (2nd. ambiguity)

  $12 \sim 28$ (左右対称), 角度では $43°\sim 100°$ (右側). 6.5YR～2.5GY

  $12 \sim 28$ (左右対称), 角度では $43°\sim 100°$ (左側). 8.5RP～7.5PB

図2.6 マンセル体系使用による色彩調和領域

(1) 明度差・彩度差調和 (図2.5b) と美度

i. ムーン・スペンサーの色彩調和論 (図2.5a) は, 色相環における調和, 不調和を論じているが, この問題よりも図2.5b に示す明度差, 彩度差の方がより重要であると説く.

　明度差については, その差が1のときは類似の調和であり, 3になれば対比の調和である.

　また, 彩度差は, 4で類似の調和であり, 8で対比の調和とする.

　図2.5b から, 明度差, 彩度差を読みとって対比調和すべきであるとしている.

ii. 配色される面積については「明度低く, 彩度高い色は面積を小とし, 明度高く, 彩度低い色は面積を大とする」としており, スカラーモーメントの式で表すと

$S_1r_1 = S_2r_2$
または
$S_1r_1 = kS_2r_2$

ここで，S_i は色面積

r_i は N5 からの距離

k は $1/2, 2, 3, \cdots$ をとるとよい

図 2.7 の P_i は色票

iii. 美しさの程度を示す指標である "美度 (esthetic measure)" を次式で表している．

$$M = \frac{o}{c}$$

ここで，M は美度

o は秩序性

c は複雑性

$r = \sqrt{C^2 + V^2} = \sqrt{C^2 + k^2(V-5)^2}$

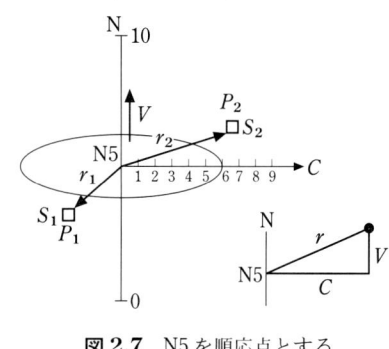

図 2.7 N5 を順応点とする座標移動 $k=4\sim8$

この考え方の基本として，"unity in variety"（複雑さのうちの統一）の原則がある．

i〜iii を総合していえることは

a) バランスのとれた無彩色の組合せは有彩色の配合に劣らない美度を示す．

b) 色相一定の調和は非常によい（同一色相のこと）

c) 色相一定，彩度一定，明度だけを変化させた場合は，数多くの配色のものより美度が高い．――すなわち，「色の氾濫とならないように」の意である．

以上のように定量的に取り扱っているので，色彩調和の概念を知るには参考になる．ただし，連想，嗜好，適合の条件を除外していることに留意しなければならない．とくに色彩計画上，どのようなイメージに仕上げたいのかを当初からまとめておく必要がある．

(2) 考 察

i. 図 2.5a，図 2.5b を組み合わせて使用すること．図 2.5a のみでは純色対比となり，色調としては強すぎる．

ii. スカラーモーメント $S_i r_i$ で色票を色相調和対比としても $v_1 \fallingdotseq v_2$，$c_1 \fallingdotseq c_2$ となると，明度，彩度がそれぞれ同じになり，たとえ $S_1r_1 = S_2r_2$ でも疑問を残す．

iii. 一つの色 P_1 を純色に近づけた色とした場合，他の色 P_2 の色票は高明度，弱彩度とするのが基本的な考え方である．とくに補色対比の場合は，加法混色の理で刺激が強すぎる．

2.3 色彩調和のあり方

オストワルド論およびムーン・スペンサー論では色彩調和のあり方を定量的に取り扱っているので，概念を把握するのには好都合である．このうちオストワルド論は，色相，明度，彩度についてそれぞれの相互関係をきわめて明快に論じているのが特色である（図 2.3）．

一方，ムーン・スペンサー論は色相対比と明度，彩度対比を分離している不便はあるが，

マンセル体系色相を用いて，色相対比を簡明に示している（図2.4）．しかし，明度・彩度対比は実際面の活用にあたっては不便である．

いずれにしても両論は，現代の色彩計画の多様性を検討する際の基本として参考になる．これを応用色彩計画に活用すればよい．その際，留意すべきことは，色彩調和論に忠実であることよりも，色彩調和の美の本質をとらえて色彩計画をたてることである．しかもあくまでも現今の世相にアピールするものでなければならない．

ここでは，一般的な色彩計画について基本的事項について考えてみる．

2.3.1 3属性（色相・明度・彩度）の対比

色彩調和においては，純色の対比（原色対比）は特殊事例である．一般的な色彩調和では，明暗対比，彩度対比を複合対比させている．すなわち，明るいもの，暗いもの，灰味の色，鮮やかな色などを対比させつつ色彩調和をはかっている．さらに灰色，面積比を考慮しなければならない．

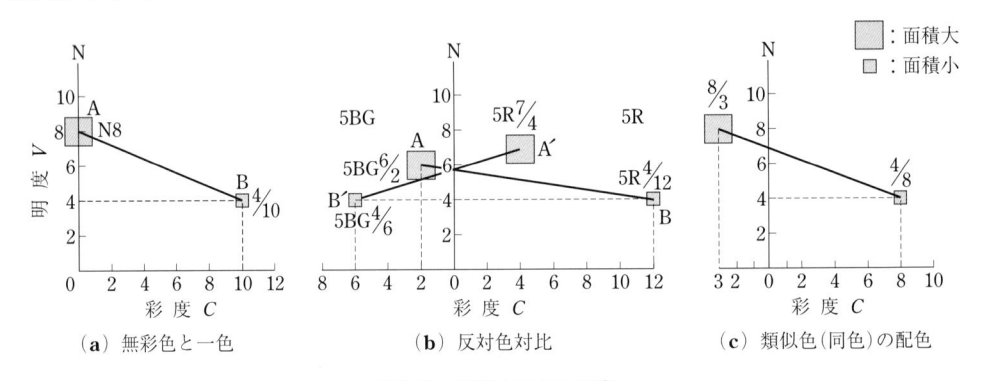

図2.8　面積比による配慮

（a）無彩色と一色　　（b）反対色対比　　（c）類似色（同色）の配色

(1) 色彩と面積比

a. 無彩色と一色（図2.8a）

　A：無彩色 N8——明度8で明るい，面積大．

　B：有彩色（任意の色相）4/10——明度4，彩度10．明度が低く，やや暗く，彩度10は原色に近い，面積は小．

b. 反対色対比（図2.8b）5BG：5R は正反対の色相反対色である．

　A：5BG の色相 6/2——明度6，彩度2，灰色に近い色で，明度6はやや明るい，面積大．

　B：5R の色相 4/12——明度4で，彩度12 はにごりのない鮮やかな色，面積小．

　A′：5R7/4——5R 純赤色相，7/は明るい，/4は灰色に近い，面積大．

　B′：5BG4/6——5BG 色相，4/はやや暗い，/6はにごりは小，面積小．A′とB′の彩度差 △C＝6－4＝2

(2) 3色調和

正三角形 ABC の色相対比である．(1) の場合のように，明度，彩度，面積比の配慮をすればよい．

(3) 色相対比，明度差，彩度差（図2.8 c）

色相類似対比，同色対比（図2.8 c）では，明度対比 4/：8/であり，

図2.9　色相環

$\triangle V=8-4=4$ のように大きく，また，彩度対比は/3：/8であり，$\triangle C=8-3=5$ のように大であり，対比効果は大きい．図2.8b の A′：B′ において，$\triangle C=6-4=2$ である．6 も 4 もパステル調であり，彩度差 $\triangle C$ は小のため，対比効果は弱いが，甘い（ソフトな）感じを与える．

公共構造物の色彩については，反対色対比は強烈な配色となるので弱彩度のパステル調とするとよい．青・赤対比は要注意であるが，パステル調のライトブルー：ピンクとすればよい．

(4) 面積比

図2.8に示すように面積比を大きくとるとよい．一般に，高明度・大面積と低明度・小面積とするとよいし，ムーン・スペンサー論のスカラーモーメント Sr を活用することも考えられる．なお，黄色と青色の配色の場合，黄色は元来が高明度，青色は低明度であるが，近年，ポスト・モダニズム建築に活用されるようになった．

2.3.2 色彩計画における必要条件

一般に，色彩計画については，大きさ，形状，素材，背景を考えるとよい．一般の色彩計画ではアクティブな要素が強い．ただし，アクティブといっても気品，落ち着きを表現することが多くなってきた．服装，車両，インテリア，ポスターなどその例は多い．一方，公共構造物においてはパッシブな要素がとり入れられており，モニュメント的，ランドマーク的のもの，あるいは遊園地的の考えのものには，気品のあるアクティブな表現のものがある．次に，色彩計画における必要条件をあげてみよう．

1. 目的・用途：大きさ，形状，素材，背景を考慮の上，"何に使うか"，"どこに使うか" を見きわめる．
2. 支配色：基調色を決める．動体物体には軽快性を，また目的，用途に応じて基調色を決める．
3. 一般の色彩傾向：最近は気品，ソフトさを好む傾向にある．
4. アクセント色を用いる：アイポイント的用法と，デザイン上のツートーン・カラー的用法，またこれらを併用した用法とがある．「ひかり号」はツートーン調，丹下健三の国立室内競技場屋根の破風の赤などはアクセント的，最近は2つの建物を複合的色彩アレンジすることが多くなってきた（図5.1参照）．
5. 無彩色と単色：ライトグレーに1つの色をアレンジする．建築に多く見られる．
6. 面積比を考える：色相対比，明度，彩度対比を面積比でとらえる．
7. 数多く色彩を用いない：簡素性の美，秩序性の美を考える．

これらの色を基本に明度，彩度の高低を用いて，そこの風土を尊重し，TPO（時・場所・場合）に応じた統一性のあるものをつくり出すことが必要である．

公共構造物の色彩では次のようなものが使われるようになっている．（**1.3.6**「色名について」参照）

チョコレート色：9.0R 2.5/2.5，焦茶（こげちゃ）（ダークなブラウン）：5.0YR 3.2/2.0，レモン色：8.5Y 8.0/1.5，カーキ色：1.5Y 5.0/5.5

ベージュ：5YR 7/3，琥珀色（こはく）：5YR 5.5/6，モスグリーン：7.5Y 6/6，藍色：2.0PB 3/5

ラベンダー：5.5P 6.0/4.8，銀ネズ：N 6/0，アイボリー（象牙色）：2.5Y 8/1.5

3章　歴史文化に見る色彩

3.1　色のルーツと国際性

　色の連想（1.4 節）で述べたように，色は風俗，習慣，歴史，風土等と関係し，地域の生活環境とのかかわり合いが強い．これを国際的にみた場合はさらにその国がたどった歴史やそこで育った宗教および気候，風土が大きくかかわっている．

　たとえば，赤の色についてみると，わが国では古来から神社仏閣に用いられている．日光の神橋の赤，神社の太鼓橋の赤，また仏閣の赤など，神聖な場所の象徴として用いられる．

　一方，ヨーロッパでは王室の絨毯（red carpet：丁重な，いんぎんな意味）に赤を用いていることは泰西名画等で見ることができる．

　そして，近年，わが国の橋梁では赤い橋，青い橋，また住宅の屋根瓦にも同じように色とりどりのものが見られる．

　ここでは，わが国の神社仏閣の色についての源流となった中国の古くから伝わる宗教哲学の考え方，また，わが国の歴史上における色の流れなどに注目してみる．

3.1.1　中国古代の思想「陰陽五行説」

　中国古代（周末期～春秋戦国時代）[注15] には陰陽五行説の思想があった．この陰陽五行説は，中国戦国時代の陰陽思想家鄒衍（スウエン）（BC 305-240）が，孟子の影響のもとに，それまで別々の思想であった「陰陽説」と「五行説」を結合したものである．陰陽五行説では，宇宙の諸現象を天地陰陽の二気の作用と考え，その作用は五行（木，火，土，金，水）によるものとし，天体の運行と人間生活との関係を説いた．五行には木＝青，火＝朱，土＝黄，金＝白，水＝玄のように色が組み合わされた．さらに，この5つの色は図のように方位や季節に，また「五常」すなわち，仁（東），義（西），礼（南），智（北），信（中）とも結合された[注16]．また，紀元前3，4世紀ごろの戦国

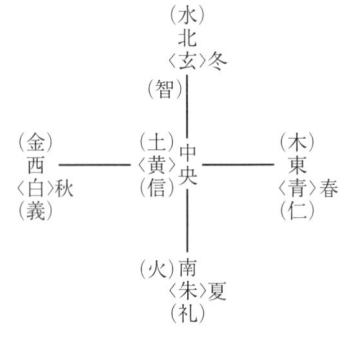

図 3.1　五行と色，方位，季節の対応

[注15] 中国古代の時代区分：周（BC 1100 頃-BC 256），春秋時代（東周の前期 BC 770-BC 403），戦国時代（東周後期，秦の統一まで．BC 403-BC 221），秦（BC 221-BC 207）．ちなみに孔子（551-479），釈迦（BC 563-BC 483）は春秋時代の人であった．

[注16] 参考までに東京にも五色不動がある．一目黒不動（瀧泉寺，目黒区目黒），目白不動（金乗院，豊島区高田），目赤不動（南谷寺，文京区本駒込），目青不動（教学院，世田谷区太子堂），目黄不動（永久寺，台東区三の輪）である．

　また，出雲大社の例大祭（5月14日）では，勅使を迎えて，天地万物を表した五色の絹物が奉納される．

時代には，東西南北の四方の星宿（星座）を動物に見立ててつくった想像上の神「四神」があった．この四神も色と結んで，東＝青龍，西＝白虎，南＝朱雀，北＝玄武としている．

四神は前漢末から後漢（紀元1世紀初め）にかけて，鏡や石造物，墓室の壁面，木棺のかざり金具に描かれている．わが国でも奈良県高市郡明日香村で，近年，高松塚古墳，キトラ（亀虎）古墳（7世紀後半）が発掘されたが，この玄室に四神が描かれている．また，四季を青春，朱夏，白秋，玄冬とし，古人は紅葉した秋を白秋とよんだ．

図3.2 玄武．亀と蛇を合わせた形とされる

青	木	平和・繁栄	東	春＝陽	青竜	青春
赤	火	富貴・幸福	南	夏＝陽	朱雀	朱夏
黄	土	皇帝・威力	中央	土用＝陽・陰		
白	金	寂寞・悲哀	西	秋＝陰	白虎	白秋
黒	水	破壊・滅亡	北	冬＝陰	玄武	玄冬

中国（清の時代）では黄色は皇帝の使用する色であり，皇帝以外の者の使用を禁じた．「黄道吉日」（もとは陰陽道）という言葉があるが，これは「太陽の黄道上の位置によって，物事をするのによいとされている日」である．黄道の黄は太陽をさし，黄道とは太陽が地球のまわりを年1回まわる，その道筋をいう．老荘の教えに「玄妙」という語があるが，暗黒の中に万物の源があり，これを「玄」といい，玄の働きを「妙」という．孔孟の教え「五常」[注17]は最近，話題となり，核戦争防止，人間の幸せ，文化という課題で21世紀の希求するものであるとしている．

なお，東は木と結び，「正」の位置が青で「閏（従）」の位置が緑とされる．すなわち，木は青々として育ち，緑となるの意である．中華料理店では赤，青，緑を使用する．[注18]

3.1.2 ヨーロッパの色

群青色のエーゲ海は聖母マリアの青いマントにたとえられる．中世十字軍の騎士たちは，マリアに抱かれる気持ちで，この海を渡り戦いに臨んだという．

『新約聖書』ヨハネの黙示録21章19, 20には「都（エルサレム）の城壁の土台は，さまざまな宝石で飾られていた．第1の土台は碧玉，第2はサファイヤ，第4は緑玉（エメラルド），第6は赤瑪瑙，第8は緑柱石，第9は黄玉石（トッパーズ），第10は翡翠，第11は青玉，第12は紫水晶（アメジスト）であった」とある．これからも，緑，赤，青が用いられていることがわかる．緑色はキリストの復活を象徴する色である．そして，緑とともに青と赤も神聖な色とされている．青はキリスト聖母の服，天使のローブの色（ルーブル美術館15, 6Cの作品）とされ，赤[注19]はキリストの血を意味し，聖霊の色とされている．

ヨーロッパでは一般に聖堂のドームに緑を用いているが，わが国では寺院・五重塔の屋根

注17) 五常：儒教の教えで，人が常に行なうべき5つの正しい道のこと．仁，義，礼，智（知），信がこれである．また，父，母，兄，弟，子の5者が行うべき道として，義，慈，友，恭，孝がある．
注18) 中国の色彩：本来のものは色彩は地味だったが，南宋以降（1127年），色彩がけばけばしくなった．
注19) エル・グレコ（El Greco，スペインの画家．1541-1614）の1570年頃の作品「聖衣剥奪」（ヴェネチアに保存）の聖衣は赤．ちなみにEl Grecoはギリシヤ人の意，本名はドメニコス・テントコプーロス．

には赤銅(あかがね)が用いられており，これがものふりて緑錆となり荘厳な響きを醸している．ちなみに，昭和60年の大相撲初場所は再建された真新しい国技館で行われたが，新国技館の屋根はエメラルドグリーンとなっている（頂部は黄）．

3.1.3 平安貴族の色彩（染色(そめ)，織色(おり)，襲色(かさね)）と室町，元禄時代

この場合，袿(うちき)[注20]の襲色（表色と裏を重ねて表す．裏地が表の布地を透かして混ざり合う重層色）に，早蕨(さわらび)（春），卯の花（夏），花すすき（秋），枯野（冬）を季節に合わせて着用し，また織色（経糸(たていと)と緯糸(よこいと)による織物）に青朽葉(あおくちば)などの四季折々の草木や風物の色をとり入れた．

また，『源氏物語絵巻』にも見られるように，晴れの装束（十二単(じゅうにひとえ)[注21]）の配色にも紅梅匂(こうばいにおい)，藤重(ふじがさね)，移(うつ)ろい菊などの色名をつけて自然をとり入れた．

白は最上位，有彩色では紫と紅を好んだ．紫は高貴，雅(みやび)，紅は艶(なまめ)かしい，これは男女に共通である．平安時代は，文化全体が女性的傾向といえる．ただ，その文化が貴族社会のものであった．日本文化が庶民の間に根をおろすきっかけとなったのは，室町時代の応仁の乱である．1467年から1477年（応仁1–文明9）まで続いたこの戦乱では，京の都が11年間も焼け野原となり，公卿，貴族，僧侶などの文化人が地方に散らばったことによる．

日本文化は，江戸期の元禄時代，そして化政文化時代（文化，文政年号の時代）になると，庶民のもとで発展した．絵画の方面では浮世絵がその代表といえる．

この時代，日本の絵画は中国の宋の影響を受けている．水墨画，大和絵，錦絵・浮世絵などのそれぞれの分野で，雪舟，狩野永徳，俵屋宗達，尾形光琳，葛飾北斎などによる名作が生まれている．このうち，浮世絵は庶民の生活，風景が描写され，色あいにも中間色（パステルカラー調）のソフトのものが数多く，色かずも幅広く活用されている．

3.1.4 現代の色彩

気候風土によると考えられる色彩処理の特色がある．日本やフランスのように四季の季節のあるところでは色彩は豊富であり，油絵の作品にも田園を描いたものや，叙情豊かなものが見られる．そこには，色彩の微妙な変化が映されており，配色に光，輝きをとらえた一連の印象派の流れを見ることができる．

これに対し，たとえばメキシコのシケイロスの作品「ケンタウロス」における強烈な色彩の扱い方には，国土の勃興（メキシコ革命）と中米特有の気候風土がにじみでているといえる．

近年，歴史，伝統の色彩を越えた共通性の現れとも思われる色調が見られるようになった．たとえば，チョコレート色，ベージュ，カーキ，モスグリーンの暖色系，ラベンダー，グレイの寒色系の色などは，服装との共通性を感じとれる．これらは優雅，清潔，落ち着きを醸し，気品が感じられ，景観上，心の和む色彩として構造物，街路景観などにも用いられる．このような流れは，材質の向上に負うところも大きい．

1. ブラウン系（brown, chocolate）：チョコレート色＝9.0R 2.5/2.5，栗色＝5YR 3.5/4，焦茶＝5YR 3.2/2

[注20] 袿：寒冷紗(かんれいしゃ)風の透き通ったもので羽織．
[注21] 十二単：十二枚重ねたわけではない．後年つけられた呼名

2. ベージュ (biege) [注22]：5YR 7/3
3. カーキ色 (khaki) [注23]
4. ブラウン系とベージュ系の配色が構造物，施設の色彩としてよい．
5. モスグリーン (moss green)：7.5 6/6　苔色．モスグリーンとカーキ色の配色がよい．
6. 利休鼠 [注24]：5GY 6/0.5, 3G 5/1——緑気味の灰色で，「城ヶ島の雨」の歌詞にもある．

3.2　西欧の色彩と環境

　色彩と関係ある地勢と太陽の"光"について述べる．

　地勢については，西欧はメキシコ暖流の影響により湿り気のある西風が大西洋から西欧大陸のアルプス山脈に突き当たる．これは日本における日本海側の地勢に似ているといえる．日本海側の場合は大陸からの西風が日本海を渡り，日本列島脊梁山脈に突き当たり，降雪となる．そのため，太平洋側の日本は晴天が多く，西欧では日照時間が少ない．それゆえ，大都市をかかえるわが国の表日本と西欧とは気候が異なる．

　次に光と関係のある緯度について比較してみると，パリ49°，ロンドン51°，コペンハーゲン56°であり，東京36°，大阪35°と大きく相違する．このため西欧の光は弱く，日照が少ないのに，日本の場合は反対で，一日の日照は長く，日差しも強くなる．こうして，西欧における赤い橋やベンチ，霧のロンドンの赤の2階建てのバスなどの出現を見ることとなる．

　また西欧には昔から3階建ての石造の家並みがあったが，日本のそれは戦後といえる．西欧の場合はグレイの街路景観であるが，日本の場合は色彩が比較的多い．街路景観を検討する場合，これらを考慮に入れながらヨーロッパの色彩をそのままわが国にとり入れることなく，日本国土の本来の認識に立って落ち着いた気品のある色彩アレンジを心がけることが大切である．

[注22] ベージュ：仏語読みであるが，わが国では一般的に用いられている．英語では biege [biez] ベージ．
[注23] khaki：戦前，陸軍の基本色であった．語源はペルシャ語の khak（カーク，砂ぼこり）．
[注24] 利休鼠：利休は大茶人，千宗易の号．茶道の葉茶の連想からか，利休は緑みのある色の修飾語としてよく用いられる．とくに緑みを含む渋い色を表す．たとえば，利休茶は緑みの茶色，利休鼠は緑みのある鼠色のことである．いずれも江戸時代の流行色であった．

2編
景観・色彩計画の考え方

●4章●
近代建築, 現代建築の示唆

●5章●
色彩計画とデザイン美

●6章●
線のもつ感情と景観の構造

●7章●
環境調和における構造物と色彩

●8章●
地形風土に適したデザインと色彩

4章　近代建築, 現代建築の示唆

　都市ビル, マンション, 住宅など最近の建築には, "遊び" をとり入れた生活空間が比較的多く見られる. それらには色彩を含めたデザインに情緒性が感じられ, 楽しい. そこには機能性, 合理性を超え, 象徴性がとり入れられていることに気づかされる. このような建築環境の中には, シビックデザインとしての公共構造物のあり方がある. 建築環境, 建築様式の変遷に注目することは, 公共構造物デザインの在り方を学ぶことに役立つのである.

4.1　近代建築まで

　1989年, パリではフランス革命200年祭が行われたが, その100年前の1889年には革命100年祭に当たって, パリ万国博覧会が開催された. この行事のメーンとしてエッフェル塔が建てられた. この頃には鉄骨, トラス, 長大スパンの鉄骨の屋根, ガラス素材による停車場など, 建築上の転機があった. これは往時のギリシャ建築から続いた歴史, とくにゴシック, バロック, ロココ様式に対する転機であった.

　近代建築発生の機運は第一次世界大戦後に訪れた. 1919年, ドイツにバウ・ハウス建築工芸学校[注25] が開設され, その母体となった. しかし, 1933年ナチスによって解散に追いやられ, ここに集まっていた世界の俊秀建築家たちはイギリス, フランス, アメリカへと散っていった. とくにアメリカへは名建築家が大挙して渡り, そこの産業・経済, 風土とあいまって建築のマスプロが展開された. 1940〜1960年の時期である. この時期を近代建築時代という.

　この時代の巨匠たちのうち, ル・コルビュジェ, ミース・ファンテル・ローエ, リチャード・ノイトラ, フィリップ・ジョンソン, アルバー・アアルト, エーロ・サーリネン, ミノル・ヤマサキなどの作品は現代建築に強い影響を及ぼした. 以下に彼らについて簡単に紹介しておく.

　ル・コルビュジェ Le Corbusier：1887-1965. スイス生まれ. 1917年, パリに永住. 彼の「建築5原則」は次のとおり.

　1. ランプ rampe (rise, slope) 斜路
　2. ピロティ pilotis (mast, pile) 脚柱
　3. 屋上庭園
　4. ブリーズ・ソレイユ brise soleil (break sun) 遮光ルーバ
　5. 空のパラソル (防暑屋根)

[注25] ワイマル国立バウ・ハウス Bau Haus：主宰ヴァルター・グロピウス Walter Gropius (1883-1969) が, 地元ドイツで, 建築家のローエ, 絵画における表現主義デザインのカンディスキー, ハンガリーのマルセル・ブロイヤーらを迎えて1919年に設立した造形学校. 工業美術, 新建築についての開発に足跡を残したが, 1933年ドイツの政情により閉鎖.
　cf. 1917年 第一次世界大戦, 1933年 ナチス・ドイツの統一.

ノイトラ Rechard Neutra：1892-1970，オーストリア生まれ．1923年，ロスアンゼルスに定住．ウィーンでは機能主義の最尖鋭建築理論家の指導を受け，アメリカではサリヴァン，ライト等の影響を受けた．

南カリフォルニアの気候・風土とアメリカ巨大産業の工業化をとり入れたことが特徴で，その作風は，陸屋根，大きなガラス窓，庭と居間との連絡，プレファブリケート（prefabricated house，組立式簡易住宅）の活用である．

ブロイヤー Marcel Breuer：1902年，ハンガリー生まれ．1920年バウ・ハウス入門，その後イギリスに渡る．

1937年，バウ・ハウス主宰グロピウスに協力しハーバード大学へ，建築教育にあたる．1946年，ニューヨークで"Sun & Shadow"計画を導入．IBMフランス研究所の作品（1961）でピロティを採用，プレファブパネルを案出した（日本橋，丸善のデザインに採用）．現代建築へ影響を与える．

アアルト Alver Aalto：1898-1976，フィンランド中西部クオルタネ生まれ，フィンランドで活躍．第2次大戦でアメリカへ．

建築家であると同時に家具デザイナー，都市計画家．1949年，アメリカのMITのドーミトリー（寮）の設計，平面ではW形，軸線のずれ，表側は幻想的曲線（ホテルニューオータニ），裏側は軸線の雁行（東京都美術館），内装にフィンランドの木，外面はレンガ・タイル，銅板の素材を使用．

ジョンソン：Philip Johnson：1906年，アメリカ生まれ，リチャード・ノイトラの後継者．近代建築から現代建築へと活躍．アメリカのAT＆Tビル，東京本郷のNTTビルの設計．AT＆Tビルの屋根には特徴[注26]があり，独立したブルー，オレンジをアレンジ．建築に間（time）をとり入れた．ポスト・モダニズムの巨匠．

ローエ Mies Va Der Rohe：1886-1969，ドイツ，アーヘン生まれ．1933年，アメリカへ．アメリカでは新時代の代表建築家，金属とガラスの建築，吊梁工法（吊天井），現代の都市ビルのデザインに影響を与える．

サーリネン Ero Saarinen：1910-1961，フィンランド生まれ．1923年，アメリカへ．

ゼネラル・モータース社技術研究所（1948-1956）では平面空間に天に届くばかりの40m高のステンレス水槽による立体空間をつくる．アイポイント的デザイン．

ヤマサキ Minoru Yamasaki：1912-1986，シアトル生まれ．父は富山県人．

彼の作品の特徴は，1.優雅（構造方式の裏付けのもとで），2.環境との調和（デザイン・モチーフの選定）．1951年，ランバード・セントルイズ空港（ビル拡張とスカイライトをもつ）でAIA受賞．プリンストン大学社会・国際問題研究所の設計（1965）は，パルテ

注26）NTTのロゴマークとAT＆Tビルの屋根の形の類似．
日本のNTTのロゴマークは，図4.1右図のAT＆Tビルの屋根の形をモチーフとしたものと推察される．

NTTのマーク

図4.1

ノンの神殿を思わせる崇高で優雅な作品である．現在日本の建築にヤマサキの様式を随所に見かける．パルテノン神殿の柱が鶴の脚を感じさせるなど，構造上の柱をデザイン・モチーフとして取り扱っている．彼の作品には京都御所の紫宸殿の回廊を活用したものがある．

前川国男：1905-1986，コルビュジェの門に学ぶ．
東京，上野公園，東京文化会館などの作品がある．

4.2　現代建築：1970年以降

　近代建築は機能性と合理性の追求の結果，総合的にみると味気ないものとなっている．それへの反省が現代建築，ポスト・モダニズムの出現の背景となった．現代建築では，従来の鉄とガラスとコンクリートを大量に使用した近代建築の延長上に，さらに趣味的な"遊び"が入ってくる．そこでは，近代の建築素材に対して思いのままの色彩が造形的に用いられ，壁面には建物の機能とは無縁の装飾が施されている．
　近代建築から現代建築への過渡期に注目してみよう．
　サスペンション屋根を用いた特異なものに，丹下健三の国立室内競技場（1964）がある．1970年，大阪万国博におけるオーストラリア館では，北斎の波浪からヒントを得た吊天井が用いられている．この吊天井の先例は，エーロ・サーリネンのワシントン・ダレス空港に見ることができる．そのほか，大阪万国博おける屋外ステージの屋根は現代建築のハイテク・アーキテクトへの先駆けをなすものであった．また，黒川紀章の鉄鋼館には造形上の芸術性が見られ，彼の作品にはほかにもカプセル・マンションなどにそれが見られた．
　このような過渡期を経た後の現代の建築を通観すると，公民館，市民ホール，美術館など公共施設に秀逸なものを見ることができる．そのほか，インテリジェントビル，また大企業のCI (corporate identity) を表出した建築，マンションなどにも見るべきものがある．その間に脚光を浴びてきた現代建築におけるポスト・モダニズムとはどのようなスタイルかを次項で概観する．

4.2.1　ポスト・モダニズム

　近代建築は機能主義が主役であり，演出は普遍的であった．すなわち，建築の普遍的な機能を抽出，分析して建築表現を導きだそうとするものであった．1960年以降の過渡期に，建築表現の中に象徴的，文化的意味をとり入れる建築思想が付加され，それが，個々に楽しさを演出する空間の面白さ，遊びとなった．これがポスト・モダニズムである．そして，そこからハイテク・タイプや新古典主義タイプが生まれてくる．
　それらの特徴を要約すると次のようにいえる．

1. ポスト・モダニズム (post modernism)：レトロ（ギリシャ調，ロマネスク調），エスニック（民芸，古典的），芸術的遊び．
2. ハイテク・タイプ (high-tech architecture)：パイプ構造，機械メカニズムを象徴的に表現．
3. 新古典主義タイプ (late modernism)：優雅（fresh 的），温厚的で永続性あり．

例としては，
1. 総合的な意味でのポスト・モダニズム：「AT＆Tビル」（米，フィリップ・ジョンソン設計）．独立したブルー，オレンジが使用されている．
2. ハイテク・タイプ：「ポンピドー・センター」（パリ），「ルノー・センター」（英，ノーマン・フォスター設計），ルーブル美術館中庭の高さ20mの「ガラスピラミッド」．ルノーセンターは吊屋根でマストは黄，明るく活発性が感じられ，撤去も簡単である．
3. 新古典主義タイプ：「ハイ・ミュージアム」（米，アトランタ），「筑波科学博センター」（磯崎新設計，1984）．ハイ・ミュージアムは螺旋階段（透視空間），既往のフランク・ロイド・ライトのグッケンハイム美術館の螺旋階段のスタイルであるが，ハンドレールが透視空間尊重のデザインとなっている．

4.2.2　ポスト・モダニズムの考察と土木構造物

　従来の画一的な，豆腐を切ったような，塊状の建築から受ける威圧，強大，画一の感情と異なり，ポスト・モダニズム建築様式から感得されるものは，融通無碍でソフトなくつろぎである．色彩においては，従来の単一的なものに比べて，パステル調カラーから抽象絵画的な原色まで幅広い用法がある．そこにはカラーの氾濫ではない，秩序性のもとでのそれぞれの特性がある．形態においても，従来の水平，垂直の線に対して，曲線，アーチなどの採用によるリズム感がある．ポスト・モダニズム建築様式は，この時代の材質の向上，力学的な進歩，施工技術の開拓などを背景に，色彩，形態を造形的に融合し，新鮮，優雅を表出している．

　土木構造物は建築物以上に塊状な構造物であるが，人間生活の基盤をなす必要不可欠な構造物であり，人々に親しまれるものでなければならない．土木構造物の創造の潮流はポスト・モダニズムに歩調を合わせたものである．

　ポスト・モダニズムの様式に配慮すれば，土木構造物もスレンダーなデザインを意図しなければならない．また，コンクリート"打ち放し"の塊を強調するような手法は，近年の大気汚染による腐食対策と相まって一考を要するし，より積極的に色彩のもつ心理的影響を考慮すべきであろう．そのための対策としては，ブリック・タイルの活用や，寒色系ラベンダー，ウルトラマリン色，ヴィリジャン系といった色彩の採用などを検討することが望ましい．

4.2.3　アール・ヌーボーのデザイン——世紀末芸術運動

　ポスト・モダニズムには"遊び"のデザインがあった．すなわち，レトロ調，エスニック調を取り込んだ"遊び"である．ここにアール・ヌーボーの思想が入る余地がある．アール・ヌーボー（art nouveau，新美術）は次のよう特徴をもつ．

　i．アール・ヌーボーの発祥と芸術運動
　　① アール・ヌーボーは過去の歴史的様式（ギリシャ建築，ロマネスク，ルネサンス，ゴシック，バロックなど）から断絶した新様式の創造をめざす国際的な芸術運動であった．
　　② 英国のウイリアム・モリス[注27)]以降の工芸改革運動を源流にし，19世紀末の唯美主義で，絵画，彫刻から日用品のデザインにいたる広範なジャンルに展開し，様

注27) ウイリアム・モリス William Morris：1834-1896．英国の詩人，工芸家，思想家．中世を礼讃し，日常生活の中に手仕事による装飾美術を生かすことを提唱．

式的に統一しようとした総合芸術であった．

ii. アール・ヌーボーの造形的特色

この特色は，植物に着想を得た優美な曲線に基づく装飾性の追求にあった．それが芸術家個人の私的幻想を反映しながら，19世紀末象徴主義の豊かな創造力の世界の一翼を担ったことである．

iii. アール・ヌーボーの実例

エクトル・ギマールが設計した[注28]パリ地下鉄入口（1900）はアール・ヌーボーのすぐれた例である．曲線模様で飾られた半透明の金網入りガラス，鋳鉄フレーム，有名な「バタフライ屋根」に注目したい．この作品はアール・ヌーボー史における貢献の一つである．

図4.2 パリ地下鉄入口（1900, Hector Guimard 設計）

4.2.4 都市再開発・新都市の出現と考察——象徴の時代

1980年代のポスト・モダンの新建築には軽快な叙情性（趣味，芸術をとり入れたもの，レトロ調のもの）を漂わせる造形があった．とくに1989年には，吾妻橋（隅田川）橋詰のアサヒビール跡地の30階建て超高層マンション，ビールのジョッキと泡を表現した22階建ての「アサヒビールタワー」，金色の炎を表現した「スーパードライホール」，18階建ての墨田区役所など巨大化が認められる．また，大川端リバーシティ21（佃大橋に隣接している）の巨大ビルの出現も記憶に新しい．これらの構造物は CI（community identity）を象徴するものとなった．

都市再開発は巨大化建築となってきたが，都市の姿としては巨大化のみが新都市であると

[注28] エクトル・ギマール Hector Guimard：(1867-1942)

はいえない．巨大化建築と同時にオープン・スペースを十分とり入れなければならないし，そのスペースに緑と水をとり入れて，自然の豊かさを強調することも都市づくりに欠かせないものである．

また，オープン・スペースに彫刻を配するだけでは，巨大化空間にマッチしたとはいえない．パリ郊外の新都市には，カラム（柱）のオブジェを"あしらい"（列柱廊）とした例がある．ここでは，都市計画と建築のコーディネーターとしての芸術家の存在がクローズアップされており，芸術家たちによる空間の造形が見られる．またパリの市内のパレ・ロワイヤルの中庭にも柱並列のオブジェがある（**6.3（1）**参照）．そのほか，東京都庁の新館（1991年4月オープン）は公共物ではあるが象徴性のあるデザインである．

再開発の事例として，パリのデファンス地区の開発をあげておきたい．これは旧市街地を尊重し，新市街を開発するものであり，フランス革命200年を記念する事業である．この地区はルーブル宮から西方7kmの一直線上にあり，ルーブル宮，コンコルド広場，シャンゼリゼ通り，凱旋門，デファンス，新凱旋門（Arche）[注29]が並ぶ．また，ロンドンの港湾地区の倉庫跡地を再開発した「ドックランズ」（計画：1970年，開発：1990年）もある．

このように都市の再開発は，歴史的文化遺産を尊重し，開発地区には十分なオープン・スペースをとって行うとともに，空間造形への配慮と秩序性が重要である．

4.2.5 現代の建築

鈴木博之は現代の建築の方向性について次のように述べている．

> 「ポスト・モダニズムの建築は，近代建築の普遍的な機能を分析して建築表現を導き出すのではなく，かたちがもっている"文化的意味"を建築表現にとり入れるものであった．それは西欧の歴史的建築のモチーフによって示されることが多いので，それまで"豆腐を切ったような建築"は丸や三角のモチーフが多用された建築にとって代わられた．同様に色彩も多様に建築の中に再登場してきた．
>
> しかし，文化の記号化をはかったと考えられるポスト・モダニズム建築も，その多様な表現が一巡してしまうと急速にそのインパクトを失っていく．いまやポスト・モダニズム表現は，世界中，日本中のあらゆる建築に浸透し，多少ノスタルジックな趣を漂わせた石張りのアーチをもったオフィスビルや，これまた気取った古さを感じさせるような真鍮の飾りを張り付けた商店などが町中に氾濫している．現代の建築は，モダニズムからポスト・モダニズムを経て，いままた表現の過渡期に入ったようである．
>
> 世界の都市景観の共通性といえば肯定的に響くが，それは現代都市における"場所性の喪失"にほかならない．われわれは，いまや場所を失って生活しているのではないのだろうか．普遍的という名のもとに建築は場所性を失い，われわれを抽象的な空間の中にとらえ込んでしまった．しかしながら建築は人間をその内部に含み込む構造体である．確かに時代の精神は後戻りできない．時代が目指す方向はインターナショナルであり，世界の共通性であるかも知れないが，そこでの生活には"場所の感覚"が必要ではなかろうか」．[注30]

[注29] Arche（アルシュ）：1989年7月アルシュ・サミット開催．
[注30] 鈴木博之：場所の感覚，学士会報 No.815, pp.68-71 より引用

5章　色彩計画とデザイン美

2章で述べた色彩調和論は配色上の基本であり，一般的デザイン上の色彩計画である．公共構造物の色彩とデザインについてさらに理解を深めるために，本章では参考事例を用いて造形上の解説を行う．

5.1　ツートーン・カラー（面積比，明度対比）

ツートーン・カラー two-tone color のデザインとは明暗対比のデザインのことである．JIS マーク付き工業製品には，明るい grayish color に deep color を配する，ツートーン・カラーの色彩デザインが多い．全体が軽快さとモダーンさで明るいイメージになっている．

たとえば，卓上コンピューター，電話機，鉛筆シャープナー，事務室用机，椅子などにツートーン色彩デザインが多く見られる．鉛筆シャープナーにはアクセント的配色と注視力の配慮がある．また，ロッカー，キャビネットなどは壁面の一部を構成するように配慮した色彩デザインである．

これは乗用車，新幹線鉄道車両にも拡張されるし，建築にも見られる．また，ツートーン色彩デザインは橋梁にも活用できる．

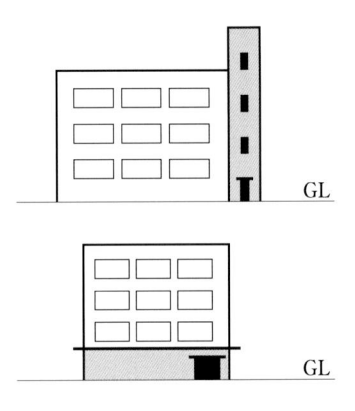

図 5.1　ツートーン・カラーの建物

5.2　壁面の処理と秩序性

従来，近代建築の影響で，面一(つらいち)の壁面の広がりがマッシブな巨大さを強調していた．しかし最近，建築の壁面に変化が現れてきた．ポスト・モダニズムの波及が住宅，ビル建築に反映し，凹凸壁面の出現となった．

凹凸壁面は，一方において，広がりの壁面一辺倒の圧迫感の緩和である．また他方においては，面一壁面を凹凸壁面に変えることは，単一壁面を生活空間として建築内にとり込むことになり，庭が建物内に進出する結果となっている．これは建築内外空間の融和である．

このような場合には，全体的には秩序性の保持が必要である．フランスのロンシャン村に建てられたル・コルビュ

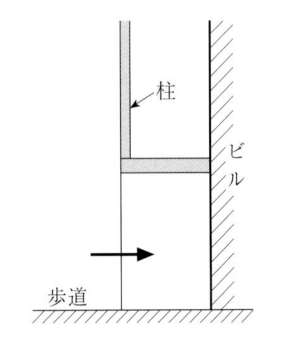

図 5.2　ビル外壁の凹凸面

ジェの設計になるロンシャン礼拝堂 (1950-53) の窓配置は，大小さまざまではあるが，コルビュジェ・モジュロールの物差し（黄金比）できわめて秩序あるものとなっている．これから教えられるものは大きい（図6.7参照）．公共構造物においても，擁壁などの単一となりがちな壁面には，随所に凹凸を設けるなどの配慮があってよいし，一つのタワーでもガラスを排除して外部の空間をとり入れるなどの配慮が必要である．

5.3 無彩色の活用

有彩色のみの配色では，たとえ明度差（$\triangle V$），彩度差（$\triangle C$）を大きくとったとしてもカラフルとなり，落ち着きを失う恐れがある．このとき，これに面積比大の無彩色をアレンジすることで救われる場合がある．無彩色と有彩色による配色はポスト・モダニズムにおいてその活用が広い．また，女性の服装にも多く見られる．

ここに好例としてル・コルビュジェのインド・シャンティガールの議事堂の建物がある．この建物は打ち放しのコンクリート躯体にドアのみ原色を配している．わが国では前川国男の東京都文化会館（上野公園）の建物が同様の扱いである．

土木構造物においても，ダムのようにダム堤体が巨大で越流門扉が比較的小面積の場合は，門扉に原色を用いてもよい．また，取水堰のように門扉が大半を占める場合は原色を差し控えて，クールなパステル調とすることが考えられる．この場合，カラーは $\dfrac{V}{C} = \dfrac{7 \sim 7.5}{2 \sim 3}$ ぐらいが無難である．

5.4 黒の使用

門扉，庭園灯など住宅や公園に黒の配色が見られる．造園における門扉では緑樹に黒の配色は気品があってよい．銀杏の黄に黒のアレンジも粋でよい．また銀座の街路灯（図11.1参照）のようにダークのブラウン色もよく調和する．近年，建築ではファサード（正面）に黒の活用が目立つ（例：東京都美術館の門塀）．

土木構造物では，神奈川県三保ダム永歳橋の主桁のダークの青も周辺の静かなただずまいによくマッチしている．そのほか，東京湾トンネルのエントランスの塔も黒のすだれデザインがよく調和している．

5.5 テクスチュア対比

(1) テクスチュア texture（材質感）対比によるデザイン美の夜明け
　　——ドイツにおけるバウ・ハウス創立とその貢献——

ここでは，バウ・ハウス学校主宰のグロピウスと面識のあった倉田三郎[注31]の言葉を引用する．

「20世紀が15年ほど経過するころになると，色彩が材質と結びついていることに美術

[注31] 倉田三郎：東京学芸大学名誉教授（故人）

家は異常な関心を寄せはじめていった．1919年に創立されたバウハウスは，この新しい解釈の実験を積極的におし進めた．一つの白色にしても，磁器表面の場合と白布の表面の場合とでは全く異なった感銘を与える．つるつるとざらざら，ぬらぬらとかさかさ，など材質の種々相への興味は造形の分野において，新しい開拓の興味を美術家たちにわきたたせた．材質の相異の問題も，物理的には光の乱反射としてかたづけることができる．このことから意識して材質の持つ味わいを開拓していくと，今まで気づかなかった複雑な深層心理的な微妙な考えや，体験などまで，材質感に仮託して表現することができる．このようにして色の問題は単純な光学的理解，あるいは色彩調和論だけにとどまらず，ひろく他の科学と結びつけられていっそうの課題対象をひろげて，造形芸術へと発展していった．」

建築界では素材の活用は著しいものがあった．特筆すべきものとしてル・コルビュジェのシャンティガール議事堂（インド）でのコンクリート素材の全面的採用がある．

(2) テクスチュア対比と色彩

一般に，テクスチュア対比としては石材（大理石）とコンクリート，石材と鋼材，ガラス，アルミニウム，レンガなどがある．これらの素材に色彩を単色でアレンジするとよい．

近代建築ではコンクリート素材の活用があった．ここにはコンクリートのざらざらとガラス，鋼材のつるつるのテクスチュア対比の美が見られた．しかし近年，コンクリートの打ち放しは，表面の汚れやエフロレッセンス[注32]の湧きだし，また酸性雨にさらされて中性化などを招くので注意を要する．結果として当然のようにタイルを使用することになるが，レンガタイルの素材はざらざらとつるつるとがあるので，これまた使用上の注意が必要である．

都市高架橋，跨線橋などの上部構造，下部構造に素材対比が見られ，上部構造においては主桁と高欄にテクスチュア対比が見られる．

5.6 shade & shadow とデザイン

shade & shadow のもつ陰影線の関係をデザインに活用する．shade（陰）は物陰，日陰など何かに遮られた裏側であり，shadow（影）は，面影，月影，撮影など陰がつくる形である．一般に shade & shadow の陰影線を利用すると繊細な感じを表出し得て，圧迫感から逃れることができる．

ダム，橋梁において，歩道スラブが主桁よりカンティレバー構造で突き出している場合に陰影線が生ずる．ダムの非越流部における陰影線の存在はダムの日当たり部全体の明るさと対比して水平の広がる線を構成する．これがダムの秩序美と構造美をつくる．黒部ダムの上部は，このことを考慮に入れてデザインされた．

橋梁におけるこのカンティレバー効果は主桁の高さを薄く感じさせ，スレンダーな軽快性を表出する．歩道橋のように shade & shadow の望めない構造物の場合は，主桁と高欄の色を変えることで同様の効果を得ることができる．また，ピア，吊り橋の支塔などで縦の線を細く感じさせるためにピアに襞をつける方法もある．襞をつけることによって，スレンダーと同時に縦の線の影響で崇高の念を感じさせ，すがすがしい．

[注32] エフロレッセンス：セメント中に含まれる硫酸塩や炭酸塩が溶出して表面に現れ，水が蒸発して析出した塩．

6章　線のもつ感情と景観の構造

本論に入る前に，戦後の状況を断片的に概観しておく．

建築の世界では1940年代からバウ・ハウス門下のル・コルビュジェ，ミース・ファンデル・ローエ，リチャード・ノイトラらの新興デザイングループが単純明快の機能性，合理性とヒューマニティをそなえたデザインを発表したが，公共構造物は概して，戦前の様式が主流であった．公共構造物の代表ともいうべき「橋」では隅田川の橋，パリ・セーヌ川の橋に見られるように，ゴシック様式（アレクサンダーIII世橋，清洲橋），ルネサンス様式（セーヌ川の数々の橋）が注目されていた．1964年，東京オリンピックの年以前は，概して戦前の様式が主流であった．

1970年，大阪万国博を契機に，建築界はポスト・モダニズムへと変貌していく．公共構造物の世界でも，橋梁において，名古屋市街の歩道橋，セントラル・パーク・ブリッジの斜支塔，斜張橋が1981年に発表され話題になった．また，隅田川でも，新生の新大橋（1976年）で1支塔の斜張橋や桜橋（1985年）などの新デザインが誕生した．従来からの橋も周辺の新建築（例：アサヒビールタワー，1989年）と呼応するように色彩計画，橋詰・歩道再生計画においてイメージ・チェンジが見られた．また，鉄道橋では東海道新幹線の開通（1964年）とともに，橋梁のリズム感重視の思想が見られた．

図6.1　斜張橋（東京隅田川の新大橋）

これらを思い起こしながら，線のフォルム（形状）が景観の構造にいかに寄与するかを考察する．線の方向，形にはそれぞれの心理的な訴えがある．この心理的作用を活用し，景観への快適さを求めた構造物のデザイン，空間における造形について考える．

6.1 線のもつ感情

線の方向や形が人間の心理に及ぼす作用は，次のような特性に要約できる．

垂直線：高さ，崇高の念．
[例] ゴシック式教会，住宅の急勾配屋根（木骨造り）

水平線：広がり，安定．
[例] 黒部ダムの高欄

斜線：不安定，動線．
[例] 仙台駅オープン階段，構造物デザイン上のアクセント的採用

円弧：緊張，抱擁，柔和．
[例] 建物正面（ファサード）の円弧，ルネサンスの円弧，アーチ橋

リズム線：〰〰〰 軽快性．
[例] ワーレントラス（垂直材なし）

m字線：〰〰 柔軟性．
[例] シャーレンタイプ，レトロ調ポスト・モダニズム建築，ルネサンスにおけるブルネレスキ設計の建築，コンドルの建築，岩国の錦帯橋．

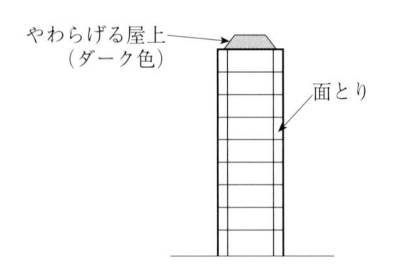

図 6.2 線のもつ感情の一例．大川端リバーシティ 21 の屋根と壁面（東京）

6.2 線の特性と景観

線のもつ特性を組み合わせることにより，デザイン上の妙味はさらに倍加することになる．このとき，時代の指向する目標，軽快性，快適性の表出に重点が置かれる．

(1) アンシンメトリの美

構造物自体のバランス，調和に寄与（図 6.3）．

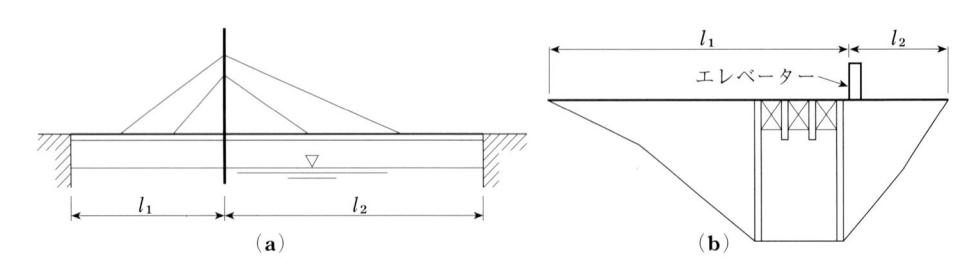

図 6.3 アンシンメトリの美．(a) 斜張橋の支塔，(b) ダムエレベーター（ダム堤体部の監査廊の出入り口．越流部がダム中央より偏っている）の屋根と壁面

(2) 傾斜支塔

構造物自体のバランスとともに，周辺空間との調和に寄与（図6.4）．

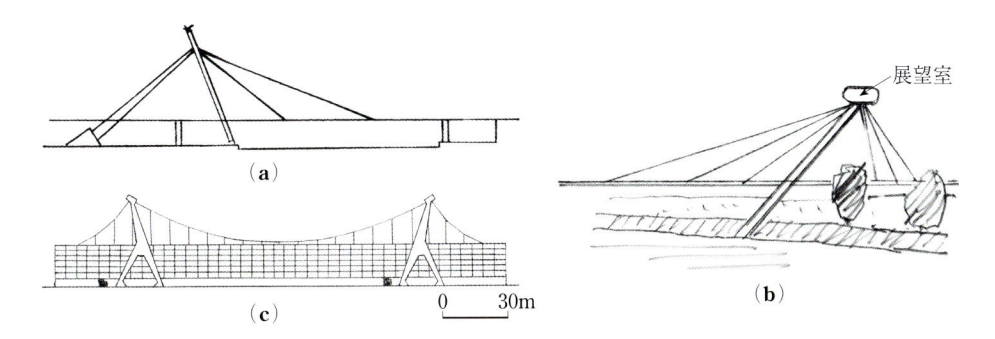

図6.4 傾斜支塔．(a) セントラルパーク・ブリッジ（名古屋），(b) ダニューブ (Danube) 橋（スロバキア首都ブラチスラバ市，Fritz Leonhardt "Brucken" より．(c) ある製紙工場 (P. L. Nervi, 1961)．人の踏ん張る力強さ

(3) オープン・スペースの塔

オープン・スペースの中に立ち，そこを引き締める（図6.5）．

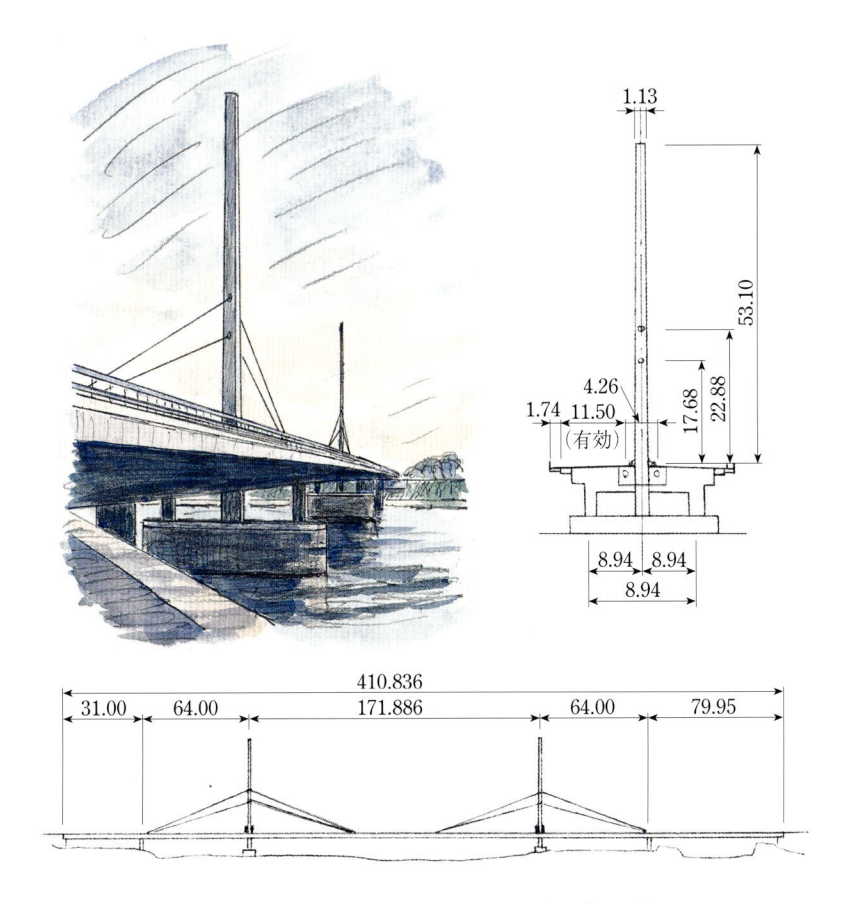

図6.5 a オープン・スペースの塔 (Norder-elbe Bridge)

図6.5b オープン・スペースの塔（ゼネラルモータース社技術研究所のウォータータンク）

(4) 黄金分割

収束式：$\sqrt{5}-1:2=0.618:1$

拡散式：$\sqrt{5}+1:2=1.618:1$

任意の線分を二分したとき，長い部分と短い部分の比が，全体と長い部分の比に等しくなる（$\sqrt{5}-1:2=2:\sqrt{5}+1$）ように分割することを黄金分割といい，このときの比を黄金比という．これは古代ギリシャで発見されたもので，安定した美しさをもつ比であるので，窓，構造物などの縦横の比に黄金比を用いるとバランスがよい．「コルビュジェ・モジュロール」（物差し）も黄金比である．土木構造物のデザインにも活用されている．わが国古来の神社の橋梁の笠木，通貫，台座の比が黄金比である（1940年，鷹部屋福平による）．

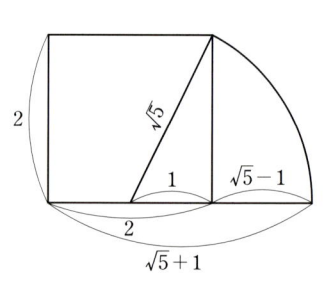

図6.6 黄金比

(5) 黄金分割と秩序性

図6.7に示すロンシャン礼拝堂は，ル・コルビュジェの設計になる1950年当時の画期的な注目のデザインである．白の壁面，ダイナミックな屋根，複合的デザインの白の立塔，黒・白のコントラスト，大・小の数々の窓，黄金分割の採用，それぞれの窓の秩序性などが特徴である．祭壇への採光を考慮した上部の窓は開口部より内壁のしぼり形，屋根の型は舟形であり，水平線，垂直線を横一線，縦一線に揃える秩序性により，心理的に清涼感を与えている．ダイナミックな屋根はポスト・モダニズム建築にもとり入れられている．

(6) 垂直線

垂直線には崇高の念の表出がある．垂直線の建物は教会で代表される．もう一つ例としてあげることができるのはアテネのパルテノンの神殿の柱（column）のもつ気高さである．パルテノンの屋根は緩勾配であるが，柱の林立には荘厳さで圧倒される．

図6.8～図6.10に垂直線をとり入れたデザインの例を示す．

図 6.7 ロンシャン礼拝堂．フランス東部のフランシュ・コンテ地方のロンシャン村にある．この絵は右斜めからの眺め

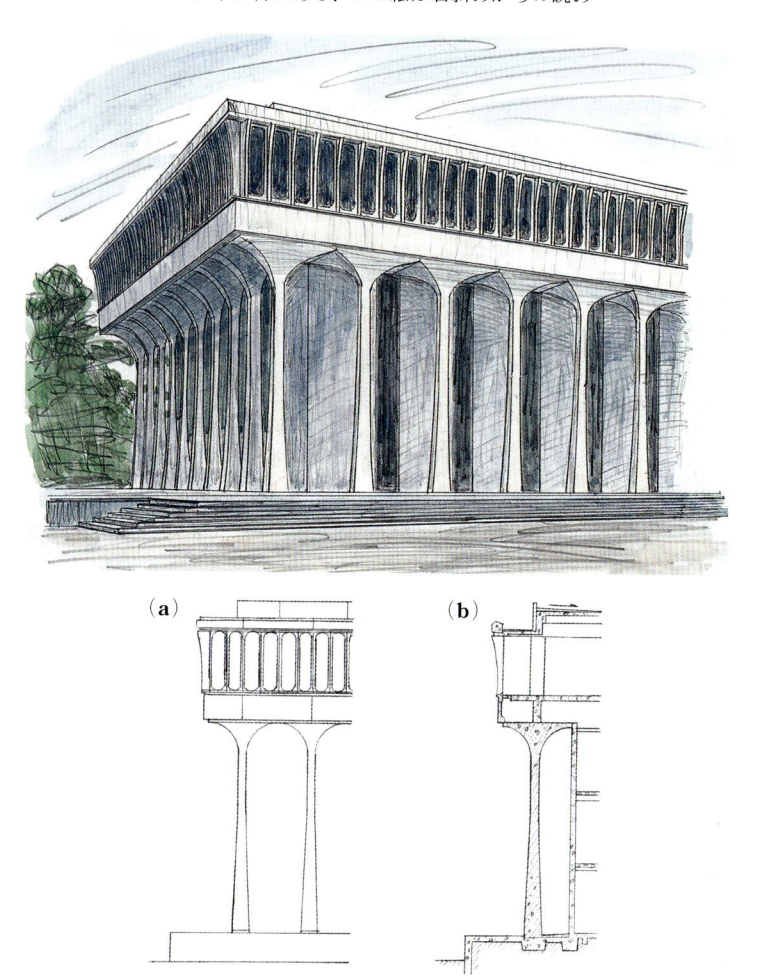

図 6.8 垂直線の荘厳性．プリンストン大学ウドロウ・ウイルソン・スクール社会・国際問題研究所（Minoru Yamasaki, 1965）．(a) はプレキャスト柱列と立ルーバー，(b) は断面詳細図

図 6.9　アーチ橋の垂直材

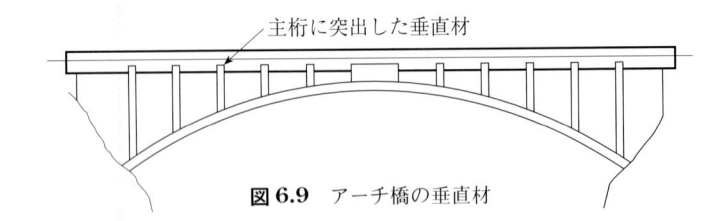

1. 図 6.8 のような建物は，ポスト・モダニズムでのレトロ調の普及で，いたるところで散見される．この建物は，設計者のミノル・ヤマサキの言による「崇高なる社会奉仕の精神を表現する」とともに，周辺のネオゴシック建築の既存環境との調和がある．
2. 図 6.9 のアーチ橋の垂直材は，垂直支材の頭部が突出したようなフォルムに特徴がある．
3. 図 6.10 の静物画はテーブル上の花瓶であるが，テーブルの水平線に段違いをつけることで，この静物の花は垂直が強調される．絵に気品が出る．

図 6.10　水平線の段差による垂直線の卓越

(7) リズム線

1. 東海道新幹線の橋梁のタイプが，垂直材なしのワーレントラスである．ワーレン形の連続でリズム感があり，快適である．とくに軽快感を表出している．活荷重が連続荷重で剛性の要求も軽減され，このようなタイプの出現となった．これも環境景観を配慮したものといえよう．新幹線の橋梁のように径間が長く部材がスレンダーな橋梁の場合，このワーレン形は効果がある．
2. 横浜のベイブリッジの主桁はワーレン形にテンション垂直材を付加し，剛性構造としている．
3. 建築の場合，ポスト・モダニズムにおけるハイテク・アーキテクチュアではパイプによるスケルトン構造としているが，この場合は垂直材をもつワーレントラスが使用される．ここではスケルトン全体がメカニズムの構造美であり，ガラス張りを使用しないものもある．

(8) 円弧

　建物正面のエントランスに円弧の構造を使ったものがある．箱形建物に比べ，柔和，抱擁の感覚が表出される．また，尊厳の表出にも効果がある．
近年はアプローチやアーケードにもスケルトンだけのものを見かける．透視空間となり，安心感を与える（**6.3 (4)** 参照）．

(9) m字線

a. 橋梁

岩国の錦帯橋，新潟の万代橋に見られるアーチ橋の連続に快適なリズム感を覚える．このアーチにも扁平タイプと太鼓橋のような円弧タイプとがある．また上路式の橋梁にも2つのタイプがあり（図6.11），パリのセーヌ川では図aのタイプが，わが国や中国では古代から図bのタイプが見られる．わが国では近年再び，心の豊かさ，やすらぎを求めて公園の池，また造園において太鼓橋が出現するようになった．

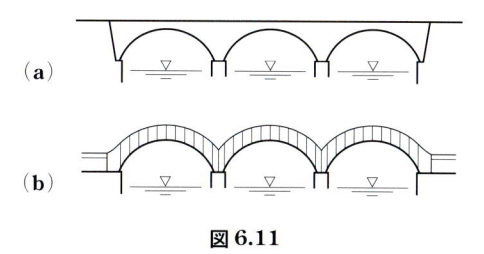

図6.11

図6.12a　m字線のリズム感．万代橋（新潟）

図6.12b　m字線のリズム感．錦帯橋（岩国）

図 6.12 c　m 字線のリズム感．スペイン・コルドバのローマ橋

b. 建築

建築ではイタリアのフィレンツェにルネサンスの幕開けとなったブルネレスキ[注33)]設計の捨児保育院，また，明治期のコンドル[注34)]設計による鹿鳴館の正面のイスラム風をとり入れたルネサンス様式（インド様式：ボンベイの洋館にみうけられる）があり，ポスト・モダニズムでも m 字線形をとり入れている．

図 6.13　イタリア・フィレンツェの捨児保育院（ブルネレスキ設計，1421-25）

注33) ブルネレスキ：イタリアの彫刻家，建築家（1377-1446）．ルネサンスの幕開けとなるフィレンツェの芸術の世紀である 1400 年代，大聖堂付属礼拝堂の北側扉設計のコンクール（1401 年）でブルネレスキはギベルティと競ったが，保守的なギベルティの設計に傾き，ブルネレスキは退く．この彫刻扉は有名な事件で，これによりブルネレスキは建築に転向．サンタ・マリア・デル・フィオーレ大聖堂（花の聖母マリア）のドーム，次いでオスペダーレ・デリ・インノチェンティ（捨児保育院）を設計．（ルネサンス様式の始まり）．
注34) コンドル：イギリスの建築家（1852-1920）．1877 年（明治 10 年）1 月来日，工部大学校（現東京大学）教師．ニコライ堂（東京お茶の水），鹿鳴館（イスラム・インド様式，麹町区内山下町の旧薩摩藩別邸跡地）を設計．

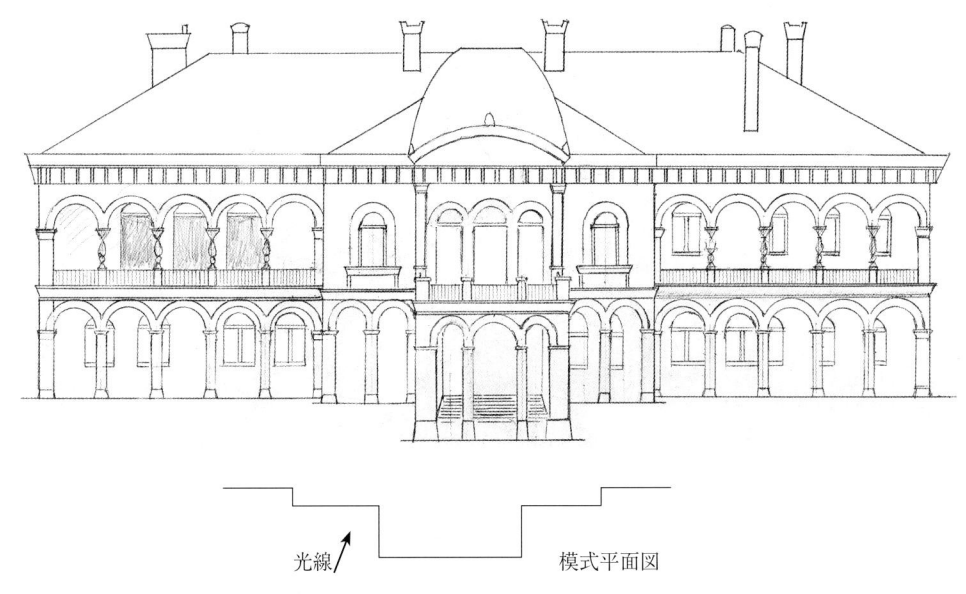

図 6.14 鹿鳴館（コンドル設計, 1883）. 2 階のベランダの独立柱は徳利状の形態をもち, イスラム建築の影響がうかがえる. なお, 2 階の手摺りに施された透かし彫もイスラム建築の影響

c. シャーレンタイプ

m 字線形の一つにシャーレンタイプがある. 建物正面のアプローチの上屋をこのタイプにすることが 1950 年代に流行した.

関西電力・木曽川筋の丸山発電所本館[注35]の屋根がシャーレンタイプであり, 柔和な感覚をもつ.

このタイプを採用したものに, 横浜みなと・みらい（MM21）の博覧会時（1989 年）につくられた桜木町バス停の屋根があり, 軽快さがうかがえる（図 11.7 a 参照）.

図 6.15 シャーレンタイプの屋根（関西電力丸山発電所, 村野藤吾設計, 1954）

[注35] 村野藤吾（1891-1984）設計.

6.3 線・面の構成と造形

(1) オープン・スペースにおけるカラムの群立

少し前，パリのポスト・モダニズムの展示に，古代オリンピアの遺跡（図6.18）からヒントを得たと思われるカラムの群立が加わった．パリでの列柱廊[注36]（図6.19）およびパリ北西郊外の新都市セルジー・ポントワーズ市のパリに向かう大都市軸づくりに12本の柱が立ち並んだ列柱廊[注37]（図6.19）である．これらには秩序性，レトロ回帰，透視空間の造形美が見られる．公共構造物の前庭のオープン・スペースに活用し得る．

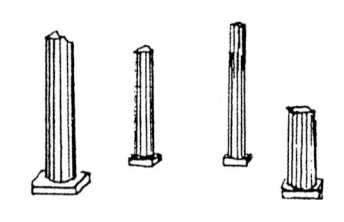

図6.18 古代オリンピアの体育館跡

① ゼウス神殿
② ヘラ神殿－オリンピック競技会の聖火採火式は，この神殿の祭壇付近で行われる．
③ パライストラ(体育場)－広い中庭を列柱廊が取り囲み，その外側に各部屋が備わった体育館
④ スタディオン－$l=192.3m$，観客席は土のままで，収容人数約40 000人

オリンピア遺跡平面図

円柱の径 80mm

パレ・ロワイアル，前庭に円柱のオブジェ
ダニエル・ビュラン設計

列柱模式図

列柱廊，ダニキャラファン設計

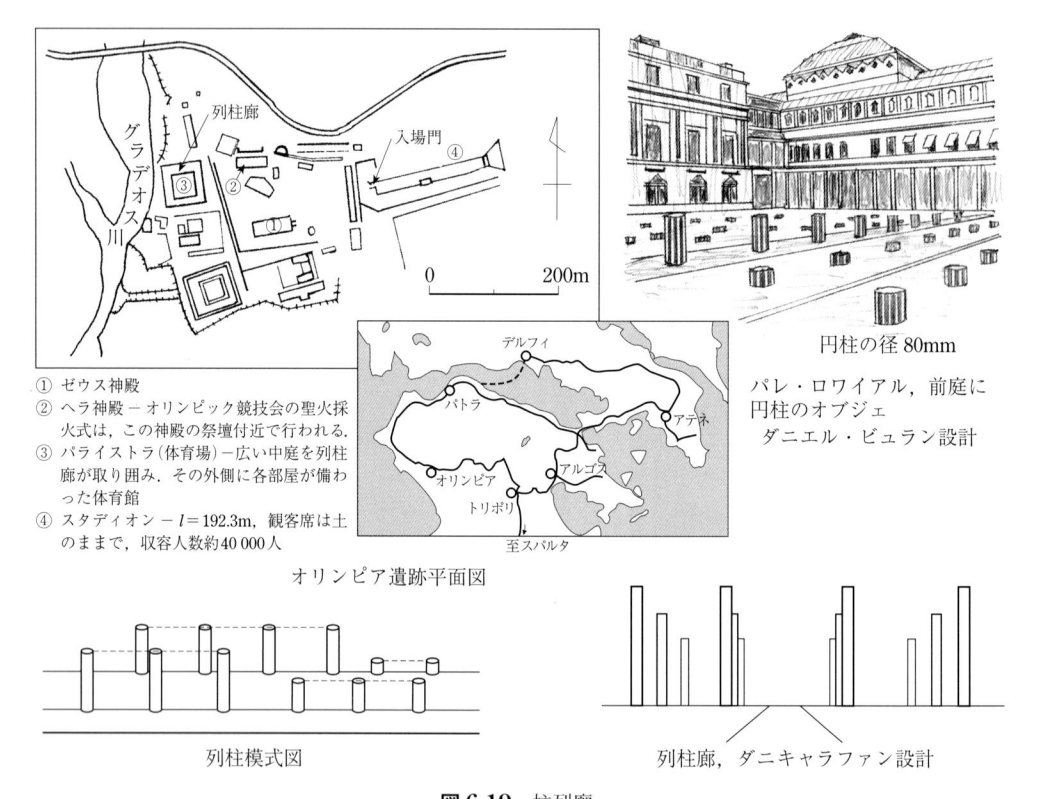

図6.19 柱列廊

ちなみに，神戸ポートピア1981博覧会会場のゲートを入ったサーカス広場（イギリス，ロンドンの円形広場）に，これを取り囲むようにカラムが立っていたが，フォロ・ロマーノ（古代ローマの大広場）を想い出させる．これもレトロ調の現れといえる．

注36) ダニエル・ビュラン設計，1985年．パリ・ループル宮の北側のロワイヤル宮殿（パレ・ロワイアル）の前庭に立てられた．
注37) ダニ・キャラファン設計，パリ北西郊外セルジー・ポントワーズ市の列柱廊，軸心はパリに向いている．

また，インドのニューデリーの中央繁華街のサーカス広場にもカラムの回廊がある．
これら一連のものにはくつろぎの楽しみがある．

(2) 階段状の構造物と環境調和

丘陵地に構造物，建物を建てる場合，地形を変形したり周辺の樹木から突き出したりして，景観や環境の破壊を起こすことのないようにする工夫が必要である．近代建築の時代に入って環境に配慮する建築家が現れた．図6.20〜図6.22はその例である．

図6.20はアメリカのSOMグループ（スキッドモア，オーイング，メリルの3氏）の建築事務所が設計したアムハート・マニュファクチュアリング会社の技術研究所である．扁平，付属建物の隠蔽に工夫がある．

図6.21はマルセル・ブロイヤーが設計したピロティ採用プレファブ・パネルによる新建築，IBMフランス研究所（フランス）である．丘陵地にマッチした低姿勢の建物となっている．

図6.20 アムハート技術研究所（設計：SOM事務所，1963）

図6.21 IBMフランス研究所（設計：マルセル・ブロイヤー，1961）．右図はピロティ部と窓　断面図

図 6.22 は近年，わが国の建築の分野でも見られるようになった階段式建築である．このタイプの好例として，1991 年 5 月に大成建設が発表したドメーヌ熱海伊豆山（竣工 1993 年 3 月）がある．雛壇型のリゾートマンションであり，眺望をセールスポイントとしている．環境調和の面から好感がもて，圧迫感がない．

図 6.22 斜面に建てた階段状の構造物（設計：安藤忠雄，1991）

これらの建築物は公共構造物においても参考になる．

(3) 道路と建物

1) 道路幅と建物の高さの比

図 6.23 において，両側が A の建物の場合には，高さと幅の比は D/H_1 であるのに対して，B の建物の場合には高さと幅の比は D/H_2 となる．

$D/H_1 > D/H_2$ であるので，B の場合は A の場合よりも道路幅は狭く感じる．

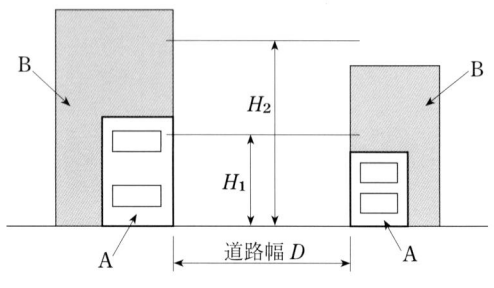

図 6.23 道路幅と建物の高さ

2) 建物の垂直外壁

ビルの壁面が垂直に立っていると圧迫感を受ける．壁面に凹凸の工夫をすれば，屋外と屋内とが連携するのでやすらぎのある空間が得られる．

3) 直線道路の修景

直線道路を歩くと疲労を感じることがある．この場合，途中で遮るものがあるとよい．図 6.24 のように歩道上に図柄あるいは横線があると救われる．また，街路樹なども視点を遮るので効果がある．

このことは水辺景観でも適用できる．図 6.25 のようにテラスと護岸工の間に蛇行した曲線（meandering）をつけると視界が遮られて，やすらぎのある散歩道となる．

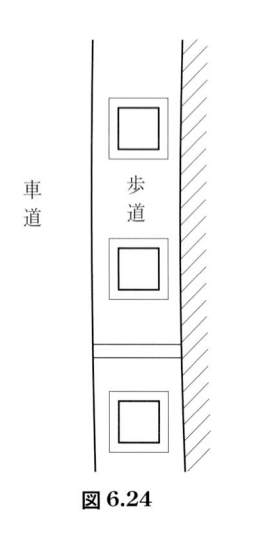

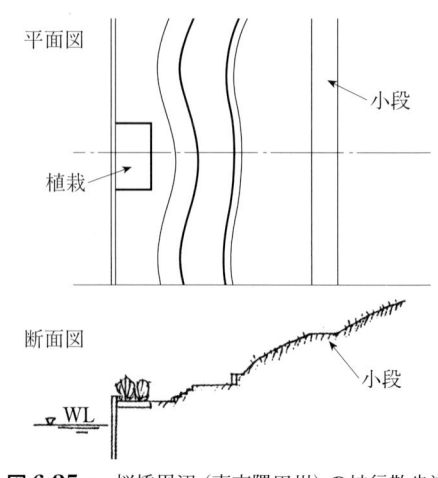

図 6.24

図 6.25 a 桜橋周辺（東京隅田川）の蛇行散歩道

図 6.25 b 桜橋周辺の高水敷きテラス．緩傾斜護岸

(4) 透視空間と造形——装飾の構造化

　以前は構造物に装飾を施すことがデザイナーの留意すべきことであった．ポスト・モダンのヌーベルバーク（新しい波）はこの逆の発想を示した．すなわち，装飾を構造化した．図 6.26 a のアークヒルズ中央ギャラリー，また，同図 b がその例である．

図 6.26 a 透視空間（東京都港区アークヒルズ中央ギャラリ）

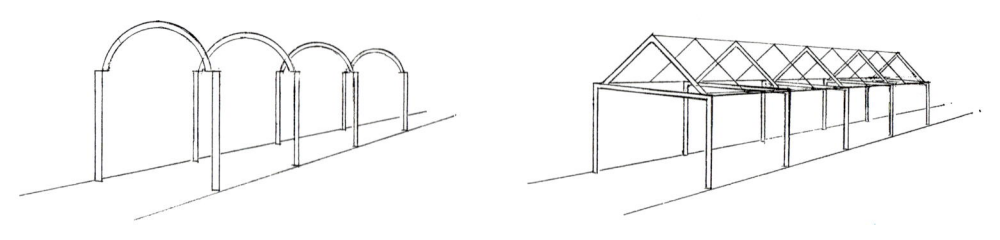

図 6.26 b　透視空間（玄関へのアプローチ）

これらは広いオープン・スペースにおける透視空間の造成とデザイン的な造形をねらったものであり，やすらぎの効果がある．また，オープン・スペースにモニュメント的な意味が加わった．

(5) スケールを大きく

構造物のスケールは環境にふさわしいものでなければならない．

東北新幹線仙台駅本屋正面はスパン 100m に及ぶ壁面である．グランドフロアから 2 階へのエントランス，3 階の大スケール（長スパン）の出窓は見ごたえがある．

また，黒部ダムの高欄デザインに際し，黒部大峡谷にふさわしいスケールが配慮された（**9.2** 節参照）．

図 6.27　仙台駅．1982 年 6 月 23 日東北新幹線開業当時

(6) 水平・垂直線の構造物に一部の斜線

水平・垂直線から成り立っている構造物には一部に斜線をとり入れるとよい．

仙台駅のグランドフロアからの階段[注38]もその効果がある．また，最近は日照権の問題で建物に斜線をとり入れているが，これによっても造形美が生み出される．

[注38] 現在は駅前広場にペデストリアン・デッキが設けられ，斜線は見えにくい．

(7) 護岸工——水制工の採用，ウォーターフロント

従来しばしば見られた垂直側壁の護岸工も，近年は多くが傾斜護岸に変わっている．しかし，護岸線は依然として一様で単調であり，変化をもたせるような工夫，たとえば水制工の導入があるとさらによい．海岸工学による突堤と湾曲汀線との組み合わせは景観上も見ごたえがある．5.2 節に示した凹凸壁面の応用である．

河川における水制工については，図 6.28 b のような堆積土砂と同時に洗掘（侵食）があることに留意したい．

隅田川の桜橋周辺（図 6.25），箱崎の護岸工はウォーターフロントとして修景され，くつろぎの場を設けている（図 6.29）．高水敷に"あずまや"を配し，護岸工に曲線をとり入れている．"あずまや"は高水位に対しても流出防止工を施している．

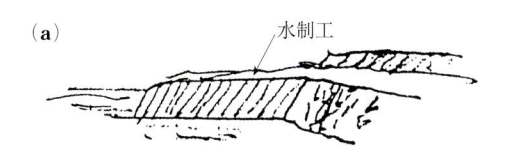

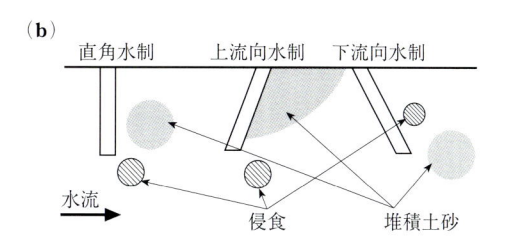

図 6.28　水制工

図 6.29　箱崎ウォーターフロントと永代橋（東京隅田川）

(8) 建物への野外空間の導入

街路の屋外景観を建物の壁面にとり込む工夫は **5.2** 節で述べた壁面処理の延長上にある．その一つとして壁面のガラスの撤去による空間の創出がある．これに木立の導入があると楽しめる．

図 6.30 開放型の家

福岡市，福岡銀行の建築は黒川紀章の設計により，1978 年に竣工したものである．大通り正面のビルエントランスを入ると，4 階までの吹き抜け空間があり，そこに大木立の植栽，フロアに佐藤忠良の彫刻，ベンチが配置してあり，歩道と直結している．建物への野外空間導入の早い時期の例である．

(9) 日本橋橋詰の展望ステージとバリア・フリー

日本橋は江戸時代の五街道の基点である．1911 年（明治 44）にそれまでの木橋から石造に変わり竣工した日本橋は，1964 年，首都高速道路の完成によって高速道路下に隠れることになった．

このとき，道路建設か文化財保存かで論争があった．結局，記念碑として日本橋をそのまま残し，上に高速道路が架かった．その後の周辺環境の変化もあって，日本橋は記念碑価値を喪失したままでいたが，近年，周辺整備工事により橋詰に展望ステージを設ける修景が施された．これにより石造の日本橋の景観が復活した．

なお，この日本橋橋詰の歩道よりバルコニーに降りる階段にはバリア・フリーの配慮が見られる（**11.5.7** 参照）．

図 6.31　日本橋橋詰オープン・スペース（1991 年竣工）

7章　環境調和における構造物と色彩

7.1　行政面からの環境調和の活性化

　1979年（昭和54）11月「全国文化行政シンポジウム」が横浜で開催され，43都道府県，33市町村の関係者が参加した．この折のテーマは「公共施設づくりからさらに前進して，道路，橋，建物，公園などをデザインや組み合わせの面から見直し，地域に文化的な生活空間を演出する」ということであった．とくに神奈川県（1978年から），兵庫県に見られる「文化のための（予算）1％システム」は，公共施設の建設費の約1％を上積みし，施設に人間性，美観性，快適性を導入し，地域の文化的環境づくりに寄与しようとするものであった．

　このような文化行政は，1976年11月に経済協力開発機構（OECD）環境委員会が東京で開催した会議[注39]で，わが国の環境政策について「公害政策については成果をあげているが"環境を守る戦い"では勝利をおさめていない」と指摘されたことの影響もあると思われるが，その頃，"物より心"の動きが一部に芽生えて，徐々にわが国に余裕の気配が漂い始めていたことを反映していたように思われる．

　北海道においては，昭和40年代にいち早く，札幌・大通り公園，旭川・買い物モールなどで「くつろぎの場」，街路景観の整備，修景が行われてきた．これが横浜・関内の大通り公園，伊勢佐木町モール，馬車道の整備へとつながっていった．

　河川計画においても，橋梁景観に劣らず，早くから広島・太田川の親水性水辺の整備など，河川景観に力を入れた．

　以上の布石により全国各地で文化行政が活発化したが，とくに橋上からの眺望という点では見るべきものがある．

7.2　環境調和色彩計画の基本的考え方

7.2.1　自然環境への調和

　構造物が自然環境に調和するということは，周辺環境，人文環境，地域的環境，歴史的環境などに関して，それぞれにふさわしい調和がなければならない．山間部，田園地帯，都市空間，臨海地帯，港湾地帯などの別，また気候的には温暖地帯，寒冷地帯，その他地方風土の差異，あるいは神社仏閣，名勝旧蹟の有無など，その環境は多種多様である．そして，これらの諸環境は重合し，相互に影響しあっている．

　環境と調和した構造物の色彩計画を検討する場合には，その構造物の色彩のみを一途に検

[注39] 日本の環境政策のレビューのための特別会合．

討しても結論はでない．ここでは橋梁の周辺環境への色彩調和について考える．

7.2.2 色彩計画の基本的考え方

たとえば河川橋梁の場合，橋の色を赤にするか，青にするか，または灰色にするか迷うことがある．このような場合には，色彩計画において何を第一義的に考えるのかを整理する必要がある．それには次の3つのケースについてチェックすればよい．

① 環境への融和を考える場合

② 環境へのバランス調和を考える場合

③ 環境への意志表出の調和を考える場合

この分類は色彩の環境調和における基本的な考え方である．

いま，一つのダム築造による架橋を想定してみよう．ダム築造→人造湖の出現→上流部の集落も道路も水没→沿岸道路，新村落の造成，対岸への架橋．

このとき，橋梁の色を青にするか，赤にするか，問題になる．橋の色を「意志表出，ランドマークにするのか」，あるいはまた「ほどよい調和か」ということであるが，この場合，赤色ならば③に属するだろうし，コーヒーブラウン，ベージュ系色彩ならば②に属するだろう．青色の場合は環境との調和よりも意志表出があり③に属することがあるが，寒色で，クールな感じがするので，ダム築造地などには調和しない．むしろ港湾環境で採用されるべきだろう．いずれにしても環境調和は周辺環境とともに気候風土にかかわってくる．

7.3 橋梁色彩

7.3.1 橋梁色彩の表現性

前節の①，②，③は色彩の環境調和における構造物の演出効果をねらうことでもある．色彩に関する各種橋梁の表現性を上の考え方に基づいて表7.1のように整理した．以下に，本表に即して小解説を行う．

(1) 瀬戸内海の諸橋：ライトグリーングレイ (light green gray)

瀬戸大橋をはじめ瀬戸内海の3ルート（児島・坂出ルート，尾道・今治ルート，神戸・鳴門ルート）および関門海峡に架設する橋梁は橋梁自体の色彩を表出することはあってはならない．一般に海洋に架橋する場合は橋梁を遠望することになり，海洋の空間に溶け込むことが重要である．ライトグリーングレイ（淡い緑灰色）を採用している．

児島・坂出ルートの色彩

a. 下津井，北備讃，南備讃瀬戸大橋は内海に架かる長大橋である．これは関門橋と同様にライトグリーングレイが内海景観に融けこみ最適である．大鳴門橋も同様の配色である．

b. このルートは児島から坂出までの連続橋であることからルート全線を同一色（ライトグレー）としている．

(2) 若戸大橋とゴールデン・ゲート橋：赤

タイプはともに吊橋，両者とも赤であるが，対照事例として，北九州市の若戸大橋とサンフランシスコのゴールデン・ゲート橋がある．若戸大橋の場合は③であり，ゴールデン・ゲート橋は②に属するといえる．これは環境，とくに地形関係と視点場の位置が大きく異な

表 7.1 橋梁色彩の表現性

橋梁名	タイプ	カラー	分類	全長 (m)	中央径間 (m)	竣工年
関門橋	吊橋	ライトグリーングレイ	①	1 068	712	1973
因島大橋	吊橋	ライトグリーングレイ	①	1 270	770	1983
大鳴門橋	吊橋	ライトグリーングレイ	①	1 629	870	1985
南備讃瀬戸大橋	吊橋	ライトグリーングレイ	①	1 723	1 100	1988
若戸大橋	吊橋	赤	③	680	367	1962
ゴールデン・ゲート橋	吊橋	赤	②	1 600	1 280	1937
尾道大橋	斜張橋	濃紺色	②	385	1 968	
新大橋 [*1]	斜張橋	ベージュ（タワー），黄（主桁），ピンク（高欄，歩道桁）	②	170	103.8	1976
永歳橋 [*2]	斜張橋	黒に近いインディゴー	②	235	144	1979
桜橋	連続桁	黄（主桁），コーヒーブラウン（高欄の束木）	③	169.45		1985
神戸大橋	バランスト・アーチ	赤	②	217+2@51	217	1981
お茶の水橋	門形橋	濃緑（ヴィリジャン）	②	80		1931
小牧橋 [*3]	連続桁	エメラルドグリーン	②	380		1983
日光神橋	太鼓橋	赤	②	28		(380 年前)
住吉大社	太鼓橋	赤	②			
黒部ダム高欄 [*4]		シルバーグレイ（アルミ）	②	450		1962
横浜ベイブリッジ	斜張橋	白	①	860	460	1990
レインボーブリッジ	吊橋（2層）	ライトグレイ	①	ループ, 3.75 km 吊橋部 918	570	1993

[*1] 広重の絵で有名な橋は 1693 年（元禄6）に現在位置よりやや下流に架橋（木橋）
[*2] 神奈川県三保ダム
[*3] 上田市・千曲川（色彩：著者デザイン）
[*4] 著者デザイン

ことに起因する．ゴールデン・ゲート橋は両岸を山塊に囲まれた立体空間であるが，若戸大橋は手前の小倉側が戸畑造船所，対岸はアプローチの長い若松であり平面空間である．視点場からは仰角となる．1956 年竣工時は巨大吊橋として画期的だったが，現在では大吊橋とはいえない．

平面空間と立体空間，環境の規模，環境の美観の差，視距離，視点場など，両橋はたたずまいに大きな差がある．

(3) 尾道大橋，新大橋，永歳橋

この3橋はともに斜張橋であるが，このうち尾道大橋の径間が大である．尾道大橋は尾道と三菱造船所の向島とを結んでいる．滞船もあり，雑駁な感がある造船所環境ではウルトラマリン（濃紺）色の橋梁はさわやかである．

新大橋は隅田川の現在の環境によくマッチしている．

神奈川県三保ダム [注40)] の人造湖に架かる黒の永歳橋は珍しい色彩の例といえる．この黒の橋は，ダム湖周辺に広告看板が一切ない静寂な環境に幽玄なたたずまいを現出している．

注40) 三保ダム：神奈川県酒匂川の最上流に設けられた上水用と発電用の多目的ダムである．

(4) 桜橋

　この橋梁は隅田川河口部6km間の最上流部にある白鬚橋と言問橋の間に架橋されている．主桁は3径間連続桁であるが，平面的にはX形で，歩行者交通のみとなっている．

　本橋の色彩は，主桁：黄，手すり：ブロンズ調アルミ，外側ガラス張り，高欄の束木：コーヒーブラウンである．このような配色を選んだことについて次のように評価できる．

1. 橋の建設目的：隅田川，隅田公園の環境，遊園地色の配慮をした橋梁．
2. 橋の形態：歩行者専用，散歩道，外側の高欄はガラス張り，歩行者への配慮．
3. 主桁色彩：黄色の採用については遊園地式配慮による明るさ，楽しさを表す．
4. また，黄色については，隅田川を航行する船への警戒色（踏切と同様）も考慮したと考えられる．近くの新大橋（江戸時代広重の絵に「雨の大橋」あり）の主桁も同様に黄色である．

図 7.1 桜橋

(5) その他の橋梁

　神戸大橋は神戸市，ポートアイランド記念博覧会に架設された赤の橋である．港湾空間においてほどよく調和している．

　お茶の水橋は狭隘な神田川の堀に架かっていて，対岸の常緑の植栽と橋の色がよく調和している．

　小牧橋は上田市を流れる千曲川に架橋されている．この橋は右岸が遊園地形（図7.2）の環境である．河川敷を整備し，スポーツヤード，その周りに緑の柵，そして木立が散見される．

　著者はこの環境を考慮し，図示のように緑とした．なお，上，下流には赤，青の橋がある．この架橋付近は流出量大で水深を浅くとれる（直線の流路，川幅200m，河川勾配1/150〜1/200と流出条件に恵まれている）．

　日光の神橋は赤である．これは分類では②に属する．両岸迫る岩，緑の渓谷に橋長28m

図 7.2 小牧橋（1983 年竣工．絵は完成予想図）

のこの橋は日本の神社によく見られる形式の太鼓橋で，赤がよく調和している．住吉大社の太鼓橋も特筆すべきであろう．

　黒部ダム高欄はわが国で初めてのアルミ材を配しデザインした．大自然の黒部峡谷，世界的な大ダム（高さ186 m）を考慮して，スケールの大きいデザインとした．色彩を用いないことを前提とした．

　横浜 MM21（みなとみらい 21）に架かる横浜ベイブリッジは白色である．この橋には「横浜ベイブリッジ・スカイウォーク」と銘打った遊歩道が設けられ，雄大な眺望を楽しむことができる．斜張橋の径間としては世界最大級であり，文字どおり大横浜を夢みている．

7.3.2　流行色

　公共構造物の色彩計画には，街並みの色彩，構造，デザインに注目するとよい．一般の建築物，あるいは女性の服装の一般的傾向に教えられることが多い．

　時代とともに変わるが一般的傾向として，女性の服装の色彩で基調となっているものは，黒，チョコレートとベージュ，またはラベンダー（青紫），ライラック（赤みの藤色）の灰色系，またはモスグリーン系，イエローオーカ系灰色である．材質の向上に追うところ大であるが，いずれも気品とモダーンさがにじみ出ている．これらは公共構造物の配色に適用できる．ラベンダーは都市空間のデザインに用いるとよいし，チョコレートとベージュ色のアレンジは中央線電車のシートの色に見ることができるなど，その活用面は幅広い．

　歩道橋，高架橋を眺めてみよう．歩道橋ではイエローオーカ系，ライトグリーン系灰色，濃紺とアイボリーの2色（飯田橋の歩道橋）であったが，最近ではゴールディシュと淡いベージュ（名古屋セントラルパーク・ブリッジ），モスグリーン系と淡いイエローオーカ（渋谷駅

前の歩道橋），チョコレートとベージュ（横浜の本町通りの歩道橋）が見られる．高架橋ではライトグリーン，ベージュが見られるが，跨線橋ではチョコレート，ブリック（神戸ポートアイランド，多摩ニュータウン）がある．このような色調は環境とも調和し，スマートな景観美になっている．

設定当時には調和した色彩も，環境が変われば所期の効果が失われる．補修舗装の折などには前例に固執しないことも考慮しておきたい．

橋梁色彩については既述のように，内海の吊橋では明度の高い green gray pale 色がよい．一般的には視点距離が長い場合は単色でよいが，中・近距離では2色（2層）がスレンダーでよい．ベージュとコーヒーブラウン，ベージュとモスグリーン，ラベンダーの濃色と単色，その他，ヴィリジャン，エメラルドグリーン（緑錆色）などがあげられる．逆光の景観ではダークに見えるからなるべく淡い色にするとよい．

また，注意したい色といえば，赤と黄（一時の都バスの色），それに青色と赤色である．とくに青色は取り扱いが難しいから，色が孤立しないよう心がけることが大切である．最近の現代建築におけるポスト・モダニズム下では歯の浮くような薄青色を孤立して使用している．たとえば「横浜みなとみらい21」におけるフランス山のパビリオン・パルタール公園の薄青色の使用は環境からの孤立の悪例といえる．

7.4 橋梁の色彩計画の条件

環境調和のための色彩計画（選択）は多種多様な考慮の側面があり，その選択は一律に決まるものではないが，下記に示す6条件についてチェックするとよい．

1) 環境色彩との配色
   a. 立地条件（緯度，臨海・都市・山間），
   b. 気象条件（降雨，降雪，湿度，晴天，曇天，気温），
   c. 遊園地形，ローカル特有の植栽条件（同調性，違和感），
   d. 季節性，経時的変化など
2) 橋梁形態と配置，規模による配色
   a. 大規模孤立型（吊橋），連続桁（ワーレン），複合型
   b. 透視空間，リズム感
   c. 規模を小さく見せる方策……スレンダー感
3) 嗜好色彩条件
   a. 国民性，ローカル性，気象地域性，年齢，性別
   b. 流行色……とくに重要
4) 距離的，地勢的条件
   a. 視対象との距離，視点場の位置，俯角，仰角
   b. 仰角の場合……圧迫感，橋桁の裏
5) 日射方向条件
   a. 直射光（順光），逆光（シルエット的），反射光（乱反射）
   b. 固有色（曇天）

6) 環境の明暗度
   a. 明るい空間（臨海）
   b. 暗い空間（ビル街，山間部）

7.5 色彩環境調和の検討項目

以上，橋梁色彩の環境調和を中心に述べてきたが，一般的な環境調和の色彩計画の検討項目としてまとめて列挙しておこう．

Ⅰ．環境領域
  A. 自立性   a. 記念碑的，誇示性のもの，b. 自立誇示を許さないもの
  B. 歴史性   a. 歴史的環境度，b. 地域風土等
  C. 観光性   自然景勝地，地方の特性
  D. 交通性   人の出入り頻度
  E. 遠近性   a. 近景，b. 中景，c. 遠景
  F. 仰角度   a. 仰角度のあるもの，b. 平面的のもの，c. 俯瞰のもの

Ⅱ．デザイン領域
  G. 透視性   a. 得られるもの，b. 得られないもの
  H. デザイン性 テクスチュア，色彩，バランス，プロポーション，秩序性
  I. 空間性   a. 平面的地形（アイポイント的扱い），b. 立体的地形，
              c. 峡谷的地形
  J. 規模性   a. 規模の大小，b. 鋼，コンクリート等

Ⅲ．色彩領域
  K. 色彩表出度 a. 美的表現（誇示的），b. 環境同調性（I, II 考慮の上）
  L. 色彩面積比 周辺構造物との面積対比
  M. 光線方向   a. 逆光，b. 順光
  N. 日照度   陰陽度合により色彩明度のあり方
  O. 背景性   a. 背景のある場合（構造物の固有色表出），
              b. 空の場合（シルエット式）
  P. 赤色使用度 刺激性強く，周辺の調和を喰い荒らす，要注意の色
  Q. 安全性   a. 夜間における視認性，b. 生理的疲労のないもの，眩惑性

　色彩調和の検討は，Ⅰ. 環境領域のチェック，ついで Ⅱ. デザイン領域における美度，圧迫感度，調和度の検討，これらの諸条件にマッチした Ⅲ. 色彩領域における色彩選択の吟味を行うことである．
　色彩の取り扱いでは，赤色の使用に十分留意する必要がある．とくに素材が鋼材の場合は反射率が大であるので，注意を要する．つや消しタイル（インディアン・レッド）の場合は支障はない．

8章　地形風土に適したデザインと色彩

8.1　Community Identity と快適環境

1984年，環境庁が環境保全行政に本格的に乗り出した当初，アメニティ・タウンをめざす「より快適な生活環境づくり」に力点が置かれた．この目標には①緑と水の快適環境，②良好な自然環境の保全，③快適な都市生活空間の創出，④環境に配慮した生活・行動（無リン洗剤，街路樹の管理，花運動など），⑤歴史的価値の保存，の5項目が掲げられている．

一方，自治体でも全国都市会議「豊かな地域文化の創造」，東京都「マイタウン構想」[注41]全国都市会議アクアサミット「水と地域文化」（1987年6月4日～5日）などの取り組みがあった．

国際的には世界主要都市サミット「人口，環境，交通，再開発」（第1回：1985年5月，東京開催）で意見交換がなされ，第2回は1988年5月25日～27日，トルコ・イスタンブールで開催された．

この時期，「緑と水と活性化」のイベントが花盛りであったが，これらの計画は当然，自治体独自の気候，風土，歴史，伝統に根ざしたものでなければならない．とくに都市景観，街路景観，河川景観にそれぞれの特性を発揮したCI（community identity）であることが望まれる．

8.2　景勝地における規制

(1)　富士山のノッポビル規制

1)　富士山麓における建築物の高さ規制

1987年9月，山梨県は富士山の景観保護のため「建築物の高さなどの規制基準を盛り込んだ指針を決め，9月16日即日実施する」とした．これは富士山に近い樹林地帯において周囲の平均的樹高を超えないよう建築規制を厳しくしたものである．これにより，富士箱根伊豆国立公園の普通地域の建物の高さは，厳しいところで20 m以下，緩いところで25 m以下に抑えられた．

2)　ノッポビル規制，外壁の色彩，屋根の形の制限——山梨県忍野村の例

山梨県による富士山麓の建物規制条例に続いて，地元市町村は独自の規制要綱を制定した．

忍野村はリゾートマンションなど観光開発に歯止めをかけ，景観を守ろうと高層建築の規制のための要綱づくりに乗り出した．村では，村内の各種団体代表者でつくる大規模建物等

注41)　東京都「マイタウン構想」中間報告（1986年6月27日）：東京都を各地域の特性を活かした8つのゾーン（1. 都心・副都心，2. 川の手，3. 臨海，4. 新山の手，5. 武蔵野，6. 多摩中央，7. 林間，8. 海洋）に分けた長期開発計画である．都市景観，田園景観，河川・臨海景観に対する取り組み方が興味深い．

規制連絡会議を発足させて，1987年10月を目途とした指導要綱を制定した．この要綱では，富士山を中心とした自然景観を守ることが目的であり，高さだけでなく，外壁の色彩，屋根の形の制限などが考えられている．

忍野村は総面積 2 515 ha，富士山麓にあり，国指定天然記念物「忍野八海」で有名である．指導要綱は，従前の特別地域，風致地区以外の全地域を「自然環境景観保全地域」と「普通地域」に区分している．「自然環境景観保全地域」は富士山の景観を構成する重要な地域であり，建物の高さは 15 m 以下，ただし，周辺の平均の木の高さが 15 m 以下の場合はその樹高以下にし，「普通地域」は 18 m 以下にする．また，建築面積も 2 000 m 以下とし，建ぺい率，容積率も制限した．

(2) 京都の景観論争

1) 京都タワーの騒ぎ

京都駅前に建つ京都タワーホテルのタワーは，塔の高さ131.4 m，形は"ろうそく形"，色彩は白，展望台は赤である．環境を配慮した苦心の作といわれたが，この高い塔と色彩は，望見する東山の山並み，神社仏閣の甍の屋根の京都の環境にそぐわない．このため，ホテルの建設は物議をかもしたが結局，タワーは建つに至った（1964年12月竣工）．

2) 京都ホテルと京都駅

京都タワー騒ぎの一段落したあと，今度は京都ホテルの高層ビルへの建て替え問題（高さ60 m）が京都仏教会の

図8.1 ろうそく形の京都タワー（京都駅前）

抵抗で「再検討」となった．これは，京都市の景観保全のための建物の高さ制限をしていた市が1988年4月，それまで最高45 mだった高さ制限を公開空地を設けることを条件に60 mに緩和する「総合設計制度」を導入したが，京都ホテルの建て替え問題で再検討となったものである．しかし，その後，JR京都駅の建て替え問題も俎上に載り，京都の景観論争も高さ60 mが承認されるところとなり，京都ホテルは最上階まで立ち上がり，駅ビルも完成した．この騒動は，京都ホテルや京都駅の高層化計画をきっかけにした景観論争の再燃といえるが，高さ60 mに決着したことになる．これにより，日本の木造古建築では最高を誇る東寺の五重塔（駅南西1 km）を上回る高層建築が林立する恐れもでてきた．

3) 鴨川，パリ風歩道橋

パリ市内の「ポン・デ・ザール」（セーヌ川に架かるアーチ橋，図9.20参照）をまねて三条大橋と四条大橋の中間に長さ約73 m，幅約10 mの床が木製の歩道橋を架ける計画が，シラク大統領来日の際に友好都市提携40周年事業として持ち上がり，新たな景観論争が広がった（1997年9月現在）．しかし，これは約1年の議論を経て取りやめになった．

(3) 琵琶湖風景を守る条例

琵琶湖は1969年に"かび臭"が発生．また，1977年"赤潮"が現れ，さらに1988年ごろから"アオコ"が見られるようになった．これに対し，1980年には"有リン合成洗剤"を締め出す「富栄養化防止条例」を設け，粉せっけん使用運動を始めた．このように水質浄化運動が展開するなかで，快適な水辺景観，風景を守る運動が始まった．

琵琶湖沿岸の風景を守るため，滋賀県は景観形成地域を指定した（1985年7月1日発足）．条例の名称は「ふるさと滋賀の風景を守り育てる条例」という．琵琶湖岸をはじめ，沿道・河川の周囲を知事が景観形成地域に指定し，その地域内での建物の新築，増改築は事前に届け，建物のデザイン・色彩も指導助言を受けることになった．さらに高さ13m以上，または4階建て以上の大規模建築物は事前届け出が必要となり，「風景条例」第2章13条2項の「周辺の景観と著しく不調和」に該当するかのチェックが行われる．

8.3 地形風土に適したデザイン

(1) 平面空間のアクセント

都市空間，田園空間，河川空間において，空間全体がフラットな単調になりやすい場合は，アクセント的に垂直の塔，ウォーター・タンクなどを設けるとよい．4.1節で紹介したエーロ・サーリネンの水槽デザインは示唆に富むものである．また，隅田川，新大橋の斜張橋における支塔のデザインも過剰支塔としてアクセント的に扱い，景観に寄与している．そのほか隅田川河口付近の佃大橋左岸の佃21のタワービルも永代橋からの眺望に花を添えている．

(2) 切取り法面保護工のアクセント

高速道路の山間部において切取り法面を施工する場合など，コンクリート擁壁工あるいは吹付け工によって法面の保護工を施工している．この場合，縦排水溝などの縦線を活用すると壁面が分割され，単調とならずに救われる．

一方，大規模法面を仕切る方法，またテクスチュア対比の方法として工法を変えることも有効である．たとえば枠型工法とコンクリート面を水平に仕切る方法などである．

(3) 丘陵地の構造物

丘陵地に構造物，建物を建てる場合，近代建築に入って早くも環境配慮の建築家が現れている（**6.3 (2)**）参照．

8.4 トンネル入口の色彩

トンネル入口の安全性，快適性についてドライバーの立場から見てみたい．

(1) 関越自動車道のトンネル入口

トンネル入口は外部からの景観ということは考えられないので，ドライバーについてのみ考慮すればよい．この地方では冬期に対しての配慮がとくに重要であり，あわせて落石防止対策を要する．

デザインとしてはアプローチ・トンネルを構築し，アプローチ部は外界の明かりからトン

ネルの暗部に突入するので，ラッパ状がよい．関越自動車道では，これらの配慮のもとに十分な施工がされている．2車線[注42]であることと力学構造上の理由から，ナポレオン・ハット形が採用されている．

入口の色彩については，白一色の銀世界からの突入のため，入口を明確に認識し得るものがよい．ここではネービーブルーを採用しているが，近代性もあり快適である．

図8.2 関越自動車道トンネル入口．入口縁はネービーブルー

(2) 東京湾トンネル（港湾道路）

トンネル入口を入るときは，明るいところから暗い所への進入である．ドライバーの眼の順応は困難である（なお，暗所から明所へは直ちに順応する．**1.4.11** 参照）．このことからトンネル入口の側壁の色のぼかし (gradation) は入口に進むにつれて順次暗くすると，運転がスムーズにいく．しかし，東京湾トンネル入口の gradation は逆である．このため，車の渋滞の遠因となる．安全性に対する配慮がほしい（現在は若干改良された）．

図8.3 東京港トンネル入口とタワー．右下の図はトンネル入口の gradation（1977年頃）

[注42] トンネル開通の1985年には2車線，その後，1991年7月19日，トンネルが2本となり4車線となった．

3編
景観, 色彩計画の具体例

●9章●
橋梁と景観

●10章●
水辺景観

●11章●
街路景観

9章　橋梁と景観

9.1　生活空間の中の橋梁

9.1.1　橋梁の内と外

1973年秋のオイルショックを契機に，時代の要求は従来の物量思想から"質・文化"を求めて"物より心"の時代となった．公共構造物も，この時代の要求に対応し，色彩も形態デザインもテクスチュアを合わせて考えなければならなくなった．

橋梁においては，従来は橋梁自体の形態美を主とし，周辺の環境は従としてとらえていた．しかし，現代は橋梁の周辺環境との調和と同時に透視空間を重視するようになってきている．

さらに，橋梁は元来その美しさを景観としてとらえてきたが，最近は橋梁取付部，橋上の道にくつろぎの空間を演出するようになってきた．

これらは"質の時代"の計画における展開であり，自治体等発注者側が質に対して考慮している証左である．

"橋梁のある生活空間"としては，橋梁自体の形態美，透視空間の尊重，橋梁の内面が重要である．橋梁の見え方には，外（川の側）から眺める橋，橋の袂（たもと）から眺める橋，橋の中から眺める橋，等がある．

以下では，3つのケースに分けて述べる．

① "橋梁の形態"は外から見た橋の形式とする．
② "橋の透視空間"は外から見た橋の透視空間とする．
③ "橋梁の内面"は橋およびその周辺が創り出すくつろぎの空間とする．

9.1.2　橋梁形式

図9.1に橋梁形式を示す．

- **ランガー式**：ランガー氏考案のもの．わが国では大矢野橋，この派生としてタイドアーチ（北海道標津橋（しべつきょう））などがある．
- **ローゼ桁**：ローゼ桁の派生としてニールセン氏の考案によるニールセン・ローゼ桁がある．
- **フィーレンデール桁**：フィーレンデール氏考案のもの．わが国ではこのタイプの橋は少ないが昭和の初め頃採用になっている．例：豊海橋[注43]，黒部川の猫又橋梁[注44]．

注43）豊海橋：$l = 46.13$ m，eff.width $= 8.00$ m．日本橋川が隅田川に合流するところに架設されている．元来，日本橋川は江戸城大手口～隅田川に開設された運河である（1698年（元禄11）開削．豊海橋は運河開削と同時に架橋された．関東大震災復興事業により現在の橋が架設された．1927年9月．（橋詰の碑文より）

注44）黒部川の猫又橋梁：当時の日本電力（現関西電力）が，黒部川電源開発により黒部川第4発電所下流の黒部川第2発電所へのアクセス・ロードとしてこの橋を架けた．1934年．

9章 橋梁と景観 73

軸力 N　　　　　　　B.M＋N

ランガー　　曲げモーメント BM　　　ローゼ　　　　ワーレン（垂直材なし）

トラスド・ランガー　　ニールセン・ローゼ　　方杖ラーメン型

　　　　　　　　　　　　　　　　　　　　　　　　　　上層
　　　　　　　　　　　　　　　　　　　　　　　　　　下層
逆ランガー　　　　　　　　　　バランスト・アーチ

斜張橋

歩道　傾斜支塔斜張橋　車道　歩道　　アーチ（中間スルー式）

ゲルバー　　　　　　　　　　タイドアーチ　張力 T

V形ピア　　　　　　　　　　フィーレンデール

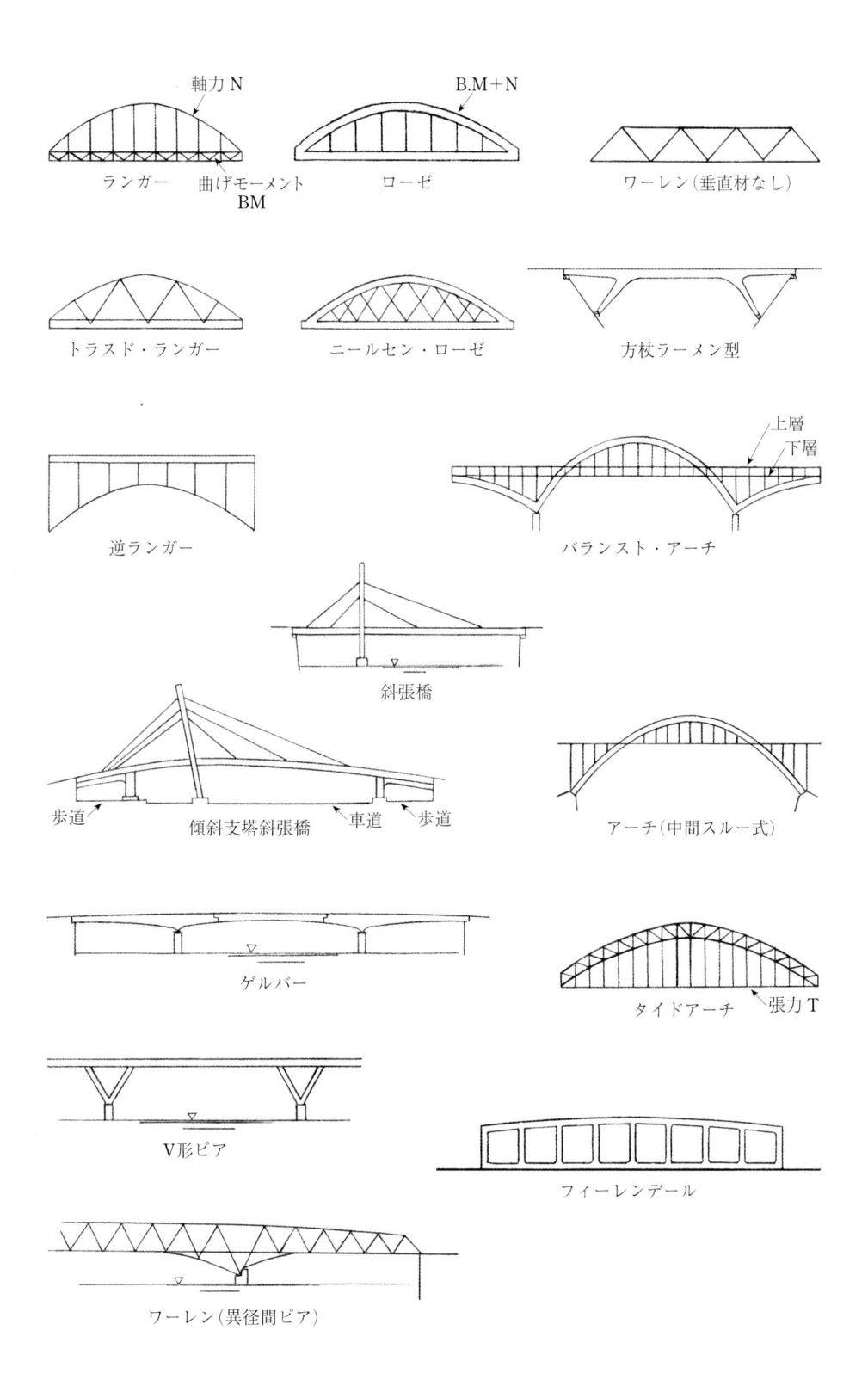

ワーレン（異径間ピア）

図 9.1　景観によい橋梁のタイプ

- **逆ランガー型（デッキ式）**：例として，上越新幹線後閑駅近くの赤谷川橋梁（1979年4月完成）がある．凝灰岩露呈の黒岩八景の景勝地に架かる．この橋の軌条は赤谷川水面との間にクリアランスが30 mほどあり，デッキ式が可能なのである．剛性上からもこのタイプがよい．また逆ランガーはアーチ・リブがスレンダーであり，景観上からも支障がない．
- **斜張橋**：このタイプは透視空間尊重にマッチしたものであり，景観上からも気品がある．最近は横浜ベイブリッジのように460 mの長大スパンも可能となり，今後，このタイプの架設がますます活発になるだろう．
- **傾斜支塔斜張橋**：名古屋，セントラルパーク・ブリッジ（1981年10月竣工）がこのタイプである．色調は高欄がゴールディシュ，支塔・主桁がベージュ．傾斜支塔はほかにスロバキア国ブラチスラバ市のダニューブ（Danube）橋などがある（6.2（2）参照）．
- **ニールセン・ローゼ桁**：綾材，引張材で床版を吊る．ワイヤーがピアノ線のように細く，透視空間重視の開発である．
- **バランスト・アーチ**：このタイプの例としてポートアイランドの神戸大橋（1981年4月竣工）がある．2層構造で，色は赤．周辺の港湾景観のスケールが大のため，よく調和している．
- **ワーレン（垂直材なし）**：繰り返しのリズム感あり．軽快．新幹線に採用．
- **方杖方式ラーメン型**：鋼製のものは大規模．RCのものは山岳部高架橋に見かける．これを連続するとV脚のデザインとなる．方杖2連＝V脚．
- **アーチ（中間スルー式）**：瀬戸内海に架橋．船舶の航行に適．

透視空間尊重の思想は斜張橋，ニールセン・ローゼ桁に見ることができる．斜張橋は橋梁景観にも優れている．なお，パリのセーヌ河の橋梁は，都市空間の考慮からほとんど上路橋になっている．

9.1.3 透視空間

往時は橋梁美のあり方は，橋梁自体の形態美であったが，近年は透視空間を尊重することに変わってきた．このことは橋梁形式の推移から見てとれる．すなわち，垂直材なしのワーレントラス，ランガー，トラスド・ランガー，大型方杖式ラーメン型，バランスト・アーチ，ニールセン・ローゼ桁，逆ランガー，斜張橋，吊り橋などの採用である．

隅田川を例にとれば，千住大橋，白鬚橋，厩橋，永代橋はタイドアーチであり，駒形橋は2ヒンジアーチ橋3連で，ピア基礎に対しスラスト応力を発生しない考慮がはらわれている．清洲橋はサスペンションであるので支塔は垂直荷重だけとなっている．これらはいずれもスルータイプ（下路式）である．

一方，そのほかの橋はデッキタイプ（上路式）である．上路式である言問橋，両国橋では不等沈下対策としてゲルバー・タイプであり，吾妻橋，蔵前橋は上路式アーチ3連である．これらはいずれもピア部で垂直荷重となるよう考慮されている．以上は1927年～1932年施工の戦前の橋である．

佃大橋（1964年），隅田川大橋（2層橋，1979年），桜橋（1985年）はいずれも連続箱桁である．新大橋は1911年（明治44）完成のプラットトラス（下路式）が震災，戦災に生き残っ

たが，1976年斜張橋として生まれ変わった．これらの橋は図9.1でわかるように透視空間を重視している．連続桁採用については，最近の基礎工法の進歩と3次元応力解法の箱桁採用でスレンダーとなってきた．景観美の考え方が往年の橋と異なるといえる．昔は豪華，今はスレンダーと概観できる．

また，従来からのプレートガーダーもボックス形式でスレンダーになり首都高速道路にその例が多い．なお，斜張橋には気品があり，最近の横浜MM21に見られるように径間400 mを超えるものがでてきた．従来は若戸大橋がそうであったように，このクラスの径間は吊橋の領域であった．最近の橋梁形態は，経済性は当然のことではあるが，透視空間，景観美を重視している．景観美は simplicity, slender を得ることに積極的になってきた．これはコンピューターの発達，鋼材の良質化，工法の進歩に負うところが大きい．

図9.2は首都高速道路の荒川沿いにかかるハープ橋である．この橋は，世界初の曲線斜張橋であり，上の技術の進歩によって可能になった複雑な構造をもつ．

図9.2 S字曲線斜張橋（かつしかハープ橋）

9.2 橋梁特性と景観

橋梁には鉄道橋と道路橋とがあり,道路橋には河川橋梁,高架橋,跨線橋がある.さらに,河川橋梁も西欧と日本とでは相違が見られ,また,流水河川橋梁と滞水河川橋梁,臨海橋梁でも相違がある.

9.2.1 鉄道橋と道路橋

橋梁景観という視点では両橋梁とも大きな相違はないが,構造上の違いからくる外観の特徴について多少の違いがある.

鉄道橋の場合,荷重については往時は集中荷重,現在は連続荷重としても設計するが,いずれにしても衝撃荷重が大きな比重を占めるため,その構造には剛性が要求された.したがって,新幹線のワーレントラスでもわかるように外観的には頑丈にみえる.また,プレートガーダーでは桁高が大きい.

道路橋の場合の荷重は,車両としては20トン・クラスのダンプトラックが最大荷重であり,ほとんど連続荷重といえる.さらに衝撃荷重はなく,たわみも許容され,外観はスレンダーである.設計も箱形(3次元計算)であることと鋼材の強度,溶接技術の進歩で長径間の橋梁が可能となった.これによって,道路橋の外観はスマートになっている.

事故発生の視点からは両橋梁の相違は明白である.鉄道橋では2本のレールの上を列車が走行するだけで,橋上でのUターンはあり得ない.道路橋では自動車のUターンをはじめ,歩行者横断による急ブレーキ,停止があり得る.また橋上から景色を眺めるためのノロノロ運転もある.

道路橋においてとくに顕著な特徴は"出会いの場"としての生活空間の存在である.このため,道路橋のデザイン,意匠には工夫が必要となり,また楽しみもある.なお,道路橋の生活空間と内面景観については **9.4** 節で述べる.

9.2.2 河川橋梁と高架橋

河川橋梁では下に河水が流れ,高架橋では下に人と車の動きがある.それゆえ,この両橋の基本的相違はピアの設計ならび主桁の裏面の色彩にある.

河川橋梁には流水があるから,ピアの設計は紡錘形とし,濁流を発生させないようなデザインとする.また,径間数は流心対策として奇数とし,中央径間は長大橋梁となる.

一方,高架橋の場合については流水がないため,ピアの設計はスレンダーなタイプとする.これは河川橋梁では考えられないことである.また,主桁のデザインは橋下を人,車が往来するので圧迫感を与えない設計とする.色彩については高明度,低彩度($\frac{V}{C}=\frac{7\sim 8}{2\sim 3}$)のパステル調がよい.

橋梁形式の選定において,河川橋梁では景観美を考慮するが,高架橋はそれ自体が,周辺の環境に対して支障とならないような配慮が必要である.

(1) ピア

河川橋と高架橋の橋脚とを比べると,その断面形に差異がある.河川橋梁では水流に逆らわない紡錘形とし,高架橋では縦線効果の活用でスレンダーに見せる.図9.3がその一例で

ある．ここで注意すべきは臨海橋梁の場合で，海水は干満潮流の影響だけで河川のような流のない点である．そのため，

1. 瀬戸大橋，支塔の下部構造：紡錘形の必要はない．
2. V脚ピア：海浜において活用できる．これは方杖方式の連続型である．

図 9.3　Pine Valley Creek 橋（アメリカ，1970年）のピア

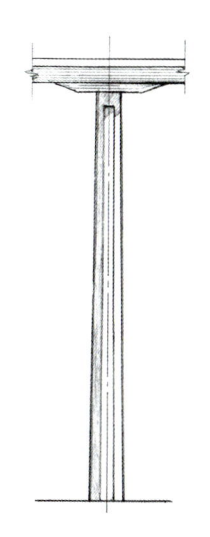

図 9.4　高架橋のピア

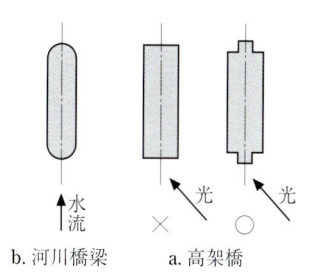

図 9.5　橋脚の比較
b. 河川橋梁　　a. 高架橋

(2) 主桁

高架橋は橋下を人，車が往来するので図 9.6 の (b) 形とする．これは圧迫感なく，また明るい効果がある．

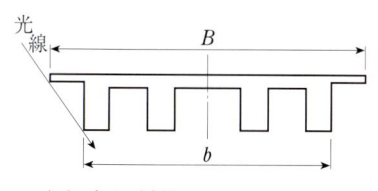

(a) 東海道新幹線　1964年10月1日

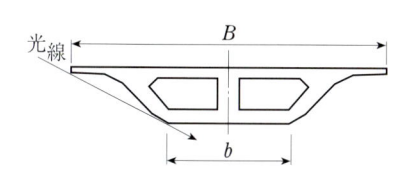

(b) 東北新幹線　1992年6月23日
　　上越新幹線　1992年11月15日

図 9.6　高架橋の主桁，デザインの比較

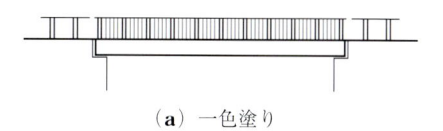

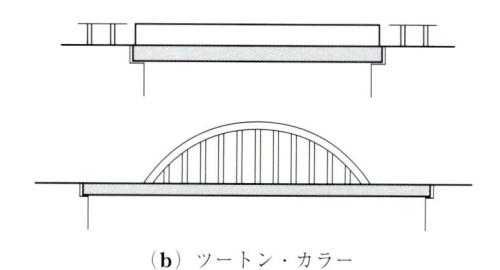

(a) 一色塗り

(b) ツートン・カラー

図 9.7　ツートン・カラーの橋．主桁の色塗り

(3) 主桁のツートーン・カラー

橋梁の色彩環境調和に留意した場合でも，図 9.7 の (a) の一色塗りの場合，透視空間をさえぎるような感じを与える．これは橋の主桁の面積が大となるからである．一方，同図 (b) のツートーン・カラーの場合はスレンダーな感じを与える．

(4) 橋桁の裏側の色彩

高架橋下は日陰となり暗い．このため明度の高い色彩とすると快適である．図 9.8 は相模川中流部に架かる小倉橋のアーチの反射光による色をチェックしたものである．散歩道のアーチ裏は土の反射光でピンクがかっているが，川に架かるアーチは水の緑色をうつしている．このように，高架橋では，橋下とその周辺の色に注意するとよい．

図 9.8 橋桁の裏側の色彩（小倉橋）

9.2.3 ダム・ハンドレール設計への応用（黒部ダム）——水平線の強調

黒部ダム（俗称：黒四ダム）は 1963 年に竣工したが，1962 年頃には高さ 186 m のアーチダムもその偉容を現し，越流部をはじめアーチダムとウィングダムとの天端の取付部，ダム本体における上部構造のデザインなどが残されていた．これらのデザインについては著者が一任されていた．この折のハンドレールのデザインについてその概要を述べる．

デザインのための資料として当時の世界における代表的ダムの天端を中心とした写真が集められ，また国内については各種橋梁のハンドレールの資料が整っていた．著者は，検討会で「非越流部のあるダムと橋梁とではハンドレールのデザインは自ら大きな相違がある」ことを指摘し，「橋梁では河川横過のスペースがあるが，非越流部ダムでは堤体がある．橋梁では shade & shadow の活用ははかれないが，非越流部の場合はそれの活用が可能である」と説明した．ハンドレールおよび上部構造のデザインで考慮したことを以下に要約する．

1. shade & shadow の活用：歩道をキャンティレバーとして張り出すこと．
2. 豪雪地帯のため除雪の配慮：日本の伝統の笠木，通貫(とおしぬき)のタイプとすること．通貫は横型とする．
3. 歩行者に恐怖感を与えないこと：30 cm 角の笠木とし（アルミのため横倒し型とする），通貫はレベルとすること（隙間を感じさせない）．
4. 環境調和とメンテナンス考慮：ペイント塗装を廃してアルマイト（グレイ）採用．
5. 照明設備：ハンドレールと面一(つらいち)とする間柱に内蔵．
6. 間柱を入れたこと：伸縮継手の考慮，照明内蔵のため，またハンドレール取付けの施工の容易性を考慮した．

図 9.9　shade & shadow の活用などにより水平線を強調した黒部ダムハンドレール

　shade & shadow 採用によって，両岸スパン約 400 m の水平線が強調され，広がりの表現ができた．また，間柱をハンドレールと同一高さ 1.2 m としたため，ハンドレール天端の水平線が強調できた．アルマイト使用は当時としては珍しい試みであったが，これは大阪・天王寺駅ステーションビルが 1961 年竣工し，このビル外装がアルマイトであったことからヒントを得て採用した．強度的にはシリコン 5 ％混入（アルミニウム 43S，厚さ 2.5 mm，電解槽液温 13 ℃，35 分漬ける）で十分耐用年数が得られることが明らかになった．ただし，束

木は強度上鋼製としたため，電位差発生による耐電食構造とした．これによってハンドレールの色調はライトグレーとなり落ち着きがでて，環境調和とともに訪問者に対し近代的構造物であることの印象づけができた．また，束木の色調は黒としたが現地でのmock-upの結果，白に変更した．

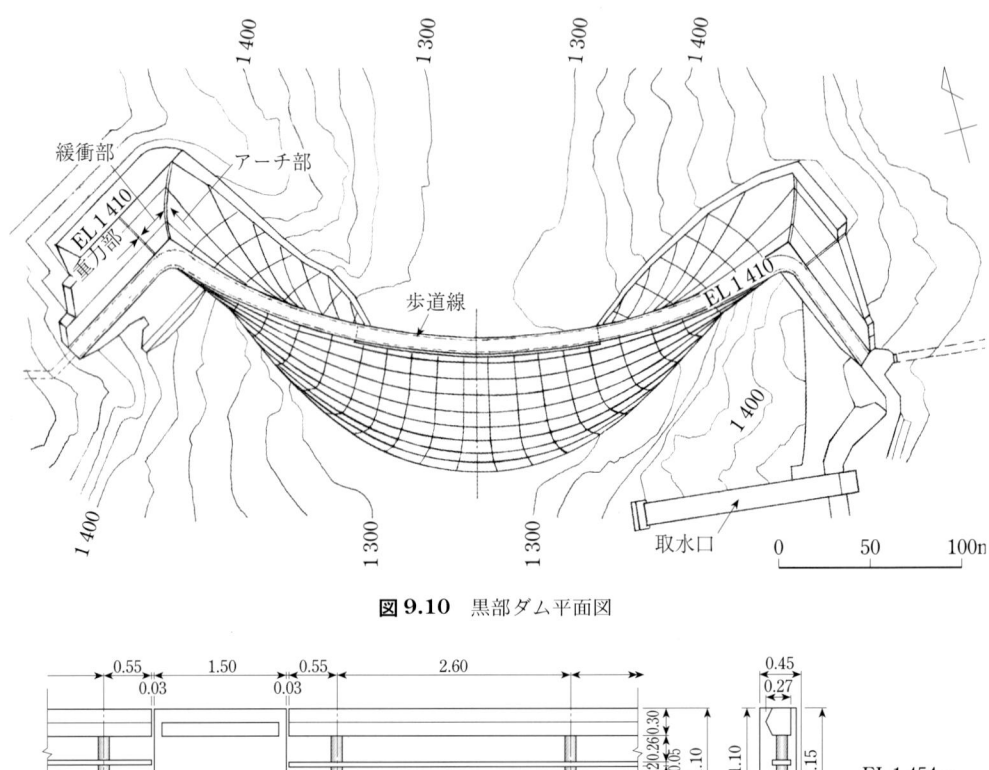

図9.10 黒部ダム平面図

図9.11 黒部ダム高欄設計図（1963年竣工），E.L.1454 m

9.2.4 アーチダムとウィングダムの取付部（黒部ダム）

アーチダムとウィングダムとの関係は，ウィングダムが重力ダム（高さ約70 m）形式で，両岸アバットで軸線が上流に振れているため，アーチスラストを考慮し，取付部の下流側にはRをつけずに，面取り程度ですませた．ただし，バス運行を考慮し，車道には曲線をとり入れ，歩道スペースに記録説明石を設置した（図9.12）．

また，親柱は横長の長方形式とし，黒御影を採用した．さらにモニュメント設置を考えたが，右岸アバットにスペースがなく，現地側で勤労の尊さをモチーフとして，レリーフ（浮彫）式の彫刻を配した．

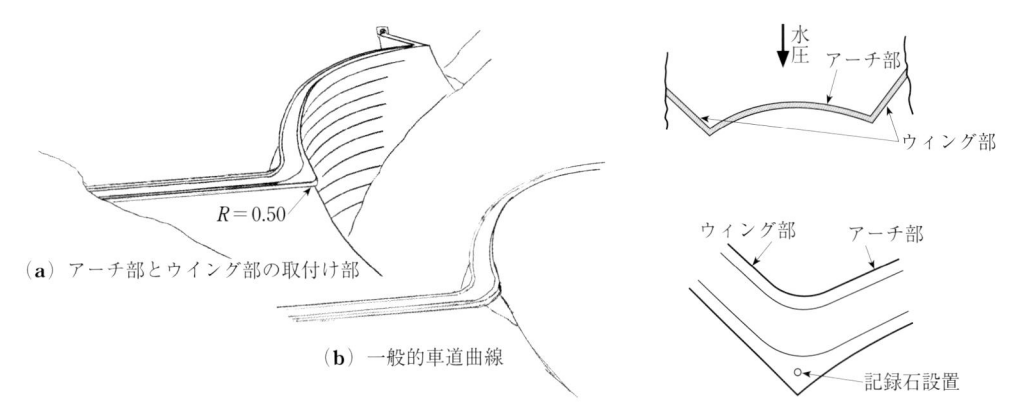

図 9.12　アーチ部とウィングダム取付部の隅角の違い

9.2.5　流水河川橋梁と滞水河川橋梁・臨海橋梁

各橋梁は設置場所の環境の違いによってそれぞれに対応するタイプが選ばれる．

年間降水量 1 600 mm の日本では河川の流域面積が小さいので集中豪雨に見舞われると鉄砲水になり，たちどころに護岸堤防は警戒水位に達することがある．常時は低水位であるが，高水出水の場合は高水位となる．流水河川の特徴をもつ日本の河川橋梁は，異常出水に対応できるクリアランスをもつ主桁高を決めなければならない．

年間降水量 700 mm のヨーロッパの河川は日本の場合と比較して，流域面積が大で，河川勾配は緩い．このためハイドログラフ[注45] は緩慢で，内陸部のパリ・セーヌ川（河口から 170 km），ボン・ライン川は蛇行して出水も緩慢である．

図 9.13　ミラボー橋の橋脚の像

パリの場合には，セーヌ川のミラボー橋などのピアにブロンズの彫刻（図 9.13）が施されるなど，歴史的遺産ともいえるものが見られる．アレクサンドル III 世橋（図 9.14）は 1900 年万国博を記念して架設されたもので，橋のたもとのスペースに設けた台座の上のモニュメント的彫刻，そのほか，照明灯，ハンドレールに多くの装飾がある．

臨海橋梁では干満の潮位のみで降雨の影響は全くなく，安定している．このため，臨海部橋梁のピアに V タイプ脚の採用が可能で，経済設計となる．なお，臨海橋梁では船の航行に留意し，中央径間はクリアランスを考慮した設計とする．例として，神戸ポートピア，神戸大橋，横浜のベイブリッジはクリアランスが 50 m あり，クイーン・エリザベス II 世号の航行も可能である．

そのほか，ヴェネチアのリアルト橋（図 9.16）のようにゴンドラ航行のため主桁中央部を高くした家型橋梁もある．

[注45] ハイドログラフ：河川のある地点での流量または水位の時間的変化を示した図．

82　3編　景観，色彩計画の具体例

図9.14　橋の装飾，セーヌ川・アレクサンドルⅢ世橋

図9.15　リアルト橋位置図

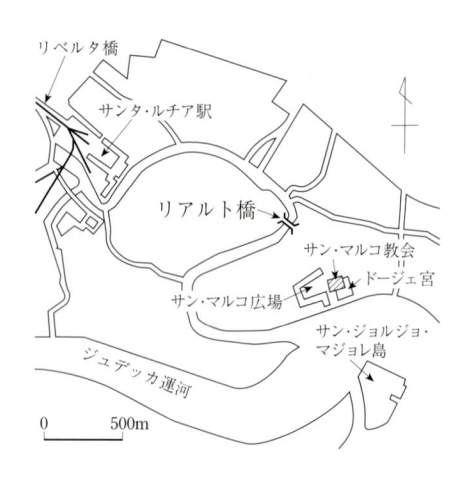

図9.16　リアルト橋（ベネチア）

9.3 セーヌ川橋梁と隅田川橋梁

9.3.1 セーヌ川

セーヌ川の水辺景観はセーヌ川の河川特性による河岸とその施設，さらにセーヌ川に正対する建造物によって形成されている．

(1) セーヌ川のパリ——河川特性，パリの位置，沿岸倉庫なし

セーヌ川は流程 780 km．これは蛇行河川によるもので，源流との直線距離はその半分の 400 km である．パリはセーヌ川河口から流程 170 km，パリ盆地（イル・ド・フランス）の中心にある．セーヌ川は流域が大，流量豊富であり，河川勾配緩であることから，1 500 トン・クラスの船舶の航行が可能であり，この水運の便が内陸パリを支えてきた．また，高水位における対策として高水敷があり，この高水敷は船着場となっている．そして，これが水辺景観に寄与している．

世界的に大都市は河口にある．テムズ川のロンドン，ハドソン川のニューヨーク，隅田川の東京は代表的河口都市である．河口都市の特徴として，船舶の出入り，貿易都市を支えるための倉庫がある．東京などでは，これらの河口倉庫は解体され，現代建築に置き換えられている．しかし，200 年に及ぶ歴史建造物が立ち並ぶパリにはそれがない．公園，森などとともにあり，落ち着いた趣を醸している．

(2) セーヌ川の橋梁形式

セーヌ川に架かる橋はほとんどがデッキ型（上路橋）である．これは水辺景観と都市景観に寄与している．

橋梁の形式はアーチである．スパンが大きいものは扁平アーチである．現存する最古の橋はポン・ヌフ（新橋）1604 年である．アーチ形式として当時最も斬新だったから「新橋」の名が付けられたのではなかろうか．

セーヌ川河岸の道路の整備が 1801 年以降ナポレオン I 世時代に施工された．アレクサンドル III 世橋（1900 年，図 9.14 参照）はアバットがしっかりしている．橋詰に 4 本の塔柱が立っており，この塔柱が橋詰の景観に花を添えている．最近は，ここに見られるようなデザイン思想が重視されている．

(3) セーヌ川・橋の装飾 — 装飾，意匠

セーヌ川では水位の変動が小さいので橋脚に"飾り"が許容され，それがミラボー橋の橋脚の像となった（図 9.13 参照）．

橋梁のピア，橋のアーチ・クラウン，ゴシック様式などの装飾が見られる．景観に寄与している．

a. ゴシック様式：アレクサンドル III 世橋，1900 年，鋼橋．1900 年パリ萬博時にロシア皇帝より寄贈されたもの．この橋の右岸にグラン・パレ（Grand palais），プチ・パレ（Petit palais，現在，美術館）があり，左岸上流のオルセー駅（現在，美術館）とともに 1900 年パリ万博を記念したものである．豪華な印象をうける．

b. 橋脚の座像（図 9.13）：ミラボー橋，1895，鋼橋．
  ちなみに，シャンソン「ミラボー橋」の詩は，ギヨーム・アポリネールが画家マリー・ローランサンとの恋の終わりを詠んだものである（レオ・フェレ作曲）．

84　3編　景観, 色彩計画の具体例

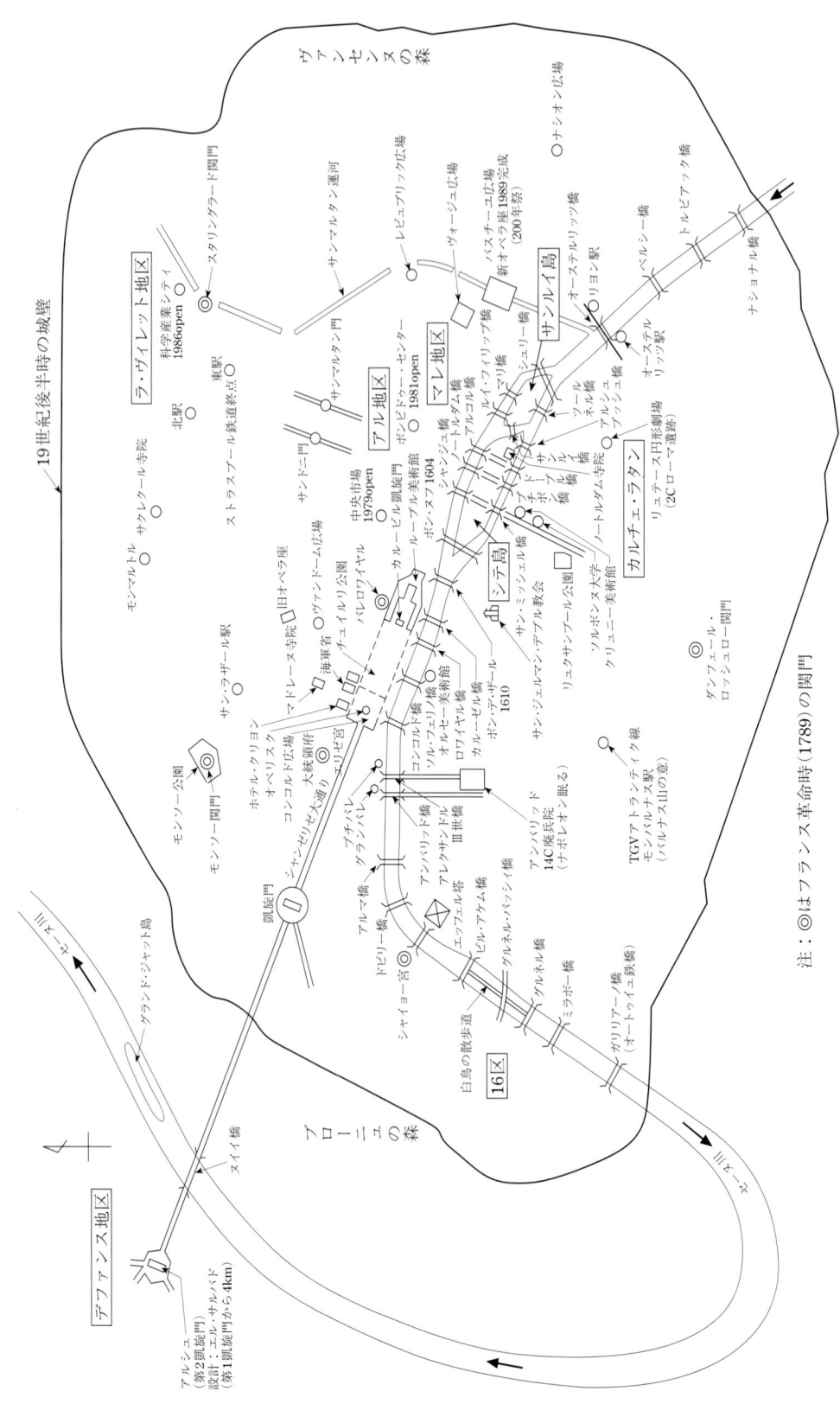

図9.17　セーヌ川に架かる橋

注：◎はフランス革命時(1789)の凱門

c. 橋脚，壁面の飾り（レリーフ）：シャンジュ橋，サン・ミッシェル橋
　　シテ島上を南北に軸線パレ通りがあり，右岸流がシャンジュ橋，左岸流がサン・ミッシェル橋，両橋とも同一タイプである．
　　　・イエナ橋，1814年：シャンジュ橋の"Ⓝ"の代わりに鷲が羽根をひろげた姿のレリーフがある．
　　　・マリー橋，1635年：教会の入口，街路灯は十字架を感じさせる．サン・ルイ島（右側）
　d. アーチクラウンの飾り：ノートルダム橋，ロワイヤル橋，カルーゼル橋
　e. 小塔のアクセント：トゥールネル橋 pont de la Tournelle（小塔の橋の意）
　f. オステルリッツ橋：中路橋の飾り

図9.18 トゥールネル橋と支塔．上流にシュリー橋，オステルリッツ橋，ベルジー橋と続く

　セーヌ川の橋は19世紀に架橋されたものが多い．なかにはポン・ヌフのように17世紀初めのものもある．形式は上路式アーチ型であり，鋼橋，アーチメーソンリー[注46)]が半々である．100年以上古い橋なので，飾りのある橋が多く，ルネサンス様式である．歴史ある街づくりの都市景観によく似合っている．
　また，いずれも橋下のクリアランスが比較的少ない架橋であるが，これは河川特性のしからしむるところと思われる．流速が緩であり流下物（流材）がないこと，水位上昇が少ないこと（高水敷による）などで，橋梁設計上に余裕があるからだと思われる．わが国の河川特性と大きく相違するところである．

注46) メーソンリー masonry：石造やブロック造のように，塊状の材を積み重ねた組積構造．

アレクサンドルⅢ橋 1900

ミラボー橋　彫刻

シャンジュ橋

光　ルネサンス方式　陰　ピア
マリ橋

飾り（円形）
ロワイヤル橋

カルーゼル橋（3連）

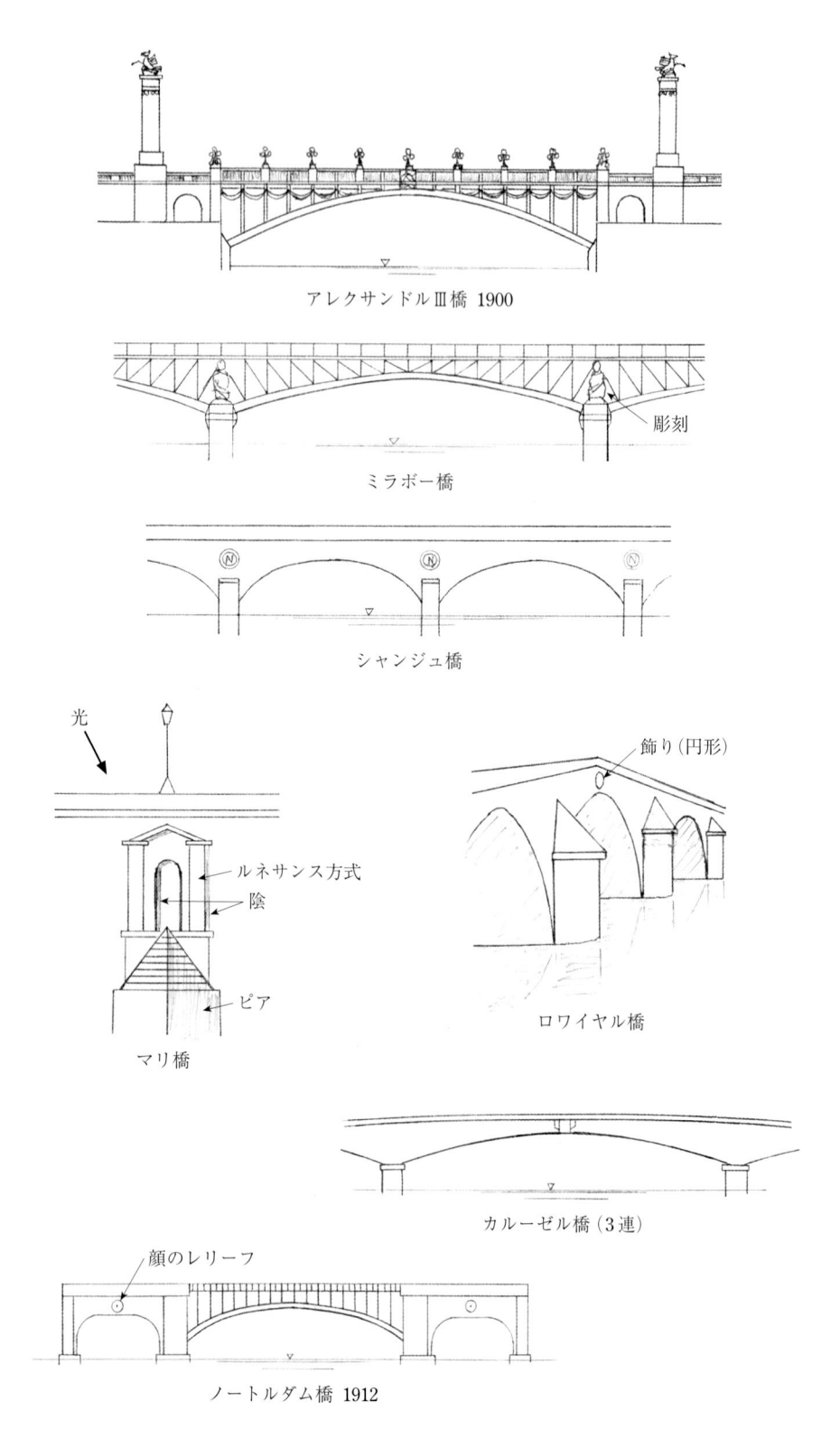

顔のレリーフ
ノートルダム橋 1912

図9.19 橋の装飾

（4） 橋上からの眺め

a. 橋梁軸線と建物

橋上に立つと軸線上の突き当たりに歴史建物がたたずみ，建物景観がすばらしい．
下流から列挙すると，次のような橋がある．

1. シャイヨー宮―イエナ橋―エッフェル塔
2. アンバリッド―アレクサンドル橋―グラン・パレ，プティ・パレ
3. ブルボン宮―コンコルド橋―コンコルドのオベリスク―マドレーヌ寺院（国民議会）
4. ロワイヤル橋―ルーブル宮
5. ラング・オリアン学校（東洋語）―カルーゼル橋―ルーブル宮
6. パレ・ド・アンスチチュ（研究所本館）―アール橋（ポン・デ・ザール pont des Arts, 芸術橋）―ルーブル宮

橋軸線上でなくとも，上路橋の強みで，ポン・ヌフ橋，サン・ミッシェル橋上からサント・シャペル礼拝堂を眺められる．このように橋上から歴史寺院，宮殿，エッフェル塔を望見できる．

b. 橋上からの眺め

たとえば，セーヌ川で最古の橋ポン・ヌフ（1604年）のバルコニーにたたずみ，下流を眺めてみよう．橋上にはさえぎるものなく，右手にルーブル美術館が街路樹により添われて延々とネオルネサンス様式を披露している．左手にオルセー美術館（旧オルセー駅 gare d'Orsayを改築），その背後にエッフェル塔を望む．近景左手にシテ島の散歩道（高水敷）と木立，近景右手に船着場（wharf）と斜路，正面にメタルのポン・デ・ザール，川面には遊覧船が走る．さながら一幅の絵になる．思わず見とれる．事実，ピサロは1903年「セーヌ川とルーブル宮」と題して作品をものにしている．

このような歴史的建物，建造物，川岸の施設，木立，街路景観，すべて落ち着いたしっとりとした景観である．セーヌ川の橋ではこのようにいたるところで街並みが望見できる．セーヌ川はパリのメイン・ディッシュであり，歴史のもたらす強みであると考えられる．

図9.20 アール橋（ポン・デ・ザール），ポン・ヌフからの眺め

(5) 水辺景観 —— 沿岸道路, 沿岸木立, 高水敷, 建物

① ナポレオン 1 世による沿岸道路の新設による水辺景観の効果は大きい.

② 川沿いの木立も道路とともに景観に寄与している.

③ 高水敷の存在：護岸は垂直であるが, 高水敷のあることで緩和されている. この高水敷へは沿岸道路, 橋台から階段あるいはスロープで連絡している. 高水敷には船着場・埠頭, 木立（シテ島付近）があり, 景観上寄与している（図 9.21）.

④ 川に正対する建物. 豪華な建物が並ぶ. 建物の屋根のシルエットに変化がある.

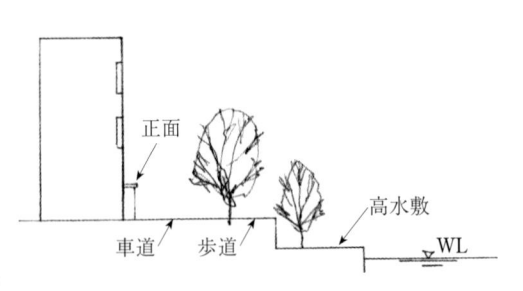

図 9.21　セーヌ川の高水敷

9.3.2　隅田川の歴史と景観

徳川家康が江戸へ移封され, 江戸城へ入ったのが 1590 年（天正 18）であり, これが江戸と隅田川とがかかわりをもつはじまりとなった. 3 代家光, 4 代家綱までの徳川初期の時代まで, 隅田川は江戸城に対する外外濠的性格をもっていたようである. これは千住大橋, 両国橋の歴史が物語り, 隅田川に対する場末的感覚が 1980 年代半ばまで（桜橋 1985 年 4 月架橋）尾をひいており, これが結果として水辺景観に影響している.

(1) 江戸時代の橋 —— 千住大橋, 両国橋, 新大橋

千住大橋：アーチ 1 連, 下路橋

家康が江戸城へ入った 4 年目の 1594 年（文禄 3）, 日光街道に架橋. これが隅田川橋梁の第一歩（ちなみにセーヌ川のポン・ヌフは 1604 年）である. 当初は大橋と呼ばれたが, 下流に大橋（両国橋）が架設されて, 千住大橋と呼ばれるようになった.

両国橋：ゲルバー, 3 連, 上路橋

1659 年（万治 2）4 代将軍家綱（1651-1680）の時代に架設. 外外濠の思想があり, 当時架橋は厳禁であった. しかし, 明暦の大火[注47]で, 隅田川に橋がなかったことが災いして死者多数の惨事となり, 大火 2 年後に大橋が架けられた. さらに直下流に新大橋が 1692 年に架けられ, この時点から両国橋[注48]と呼ばれた. 武蔵と下総の 2 つの国を結ぶ橋の意である. 家綱はこの明暦の振袖火事を契機に, 江戸の町制を定めて, 大規模な都市計画を進めた. 下町は日本橋, 京橋, 本所, 深川, 浅草, 葛飾などで町人の町としての風情を今に残している.

新大橋：斜張橋, 架橋年は当初＝1692 年, 鋼橋＝1912 年, 斜張橋＝1976 年

1692 年（元禄 5）5 代綱吉の時代に架設. 大橋の両国橋に対し, 新設のこの橋を新大橋と呼んだ. この架橋により江戸の下町と本所・深川との往来が一度に便利となった. 木橋から鋼橋へは 1912 年にプラットトラスとなり, 現在の斜張橋は 1976 年である.

この鋼橋は関東大震災（1923 年）の折, 災害救助に貢献した. また, 東京大空襲でも焼け残り,「人助け橋」と呼ばれた. 新大橋は広重の「江戸名所百景」に描かれ, ゴッホがこの浮

注47）明暦の大火：1657 年 1 月 18 日（明暦 3）江戸市中から出火. 北西の強風にあおられ 2 日間燃え続け, 江戸城をはじめ市中の大部分が焼失. 振袖火事

注48）ちなみに, この両国橋で, 本所, 深川が新しい市街に発展, 両岸の橋詰に賑やかな遊び場所（茶屋, 芝居小屋, 両国国技館の源）としても開けた. 隅田川の舟遊び, 涼み舟で賑わいを繰り広げた.

9章 橋梁と景観　89

千住大橋から上流の橋 6橋
上流から
　　新神谷橋
　　新　田　橋
　　豊　島　橋
　　小　台　橋
　　尾　久　橋
　　尾　竹　橋

千住大橋以下 16橋
別にレインボーブリッジあり

千住大橋 (1927年)　90

千住大橋(新橋) (1992年)　35　40　33　38　38　184

桜橋 (1985年)　48.725　72.000　48.725

水神大橋 (1988年)　157.0

白鬚西地区
墨堤通

白鬚橋 (1931年)　44.039　74.553　44.039

言問橋 (1928年)　46.33　67.056　46.33

アサヒビール
新ビアホール

墨田公園

駒形橋 (1929年)　32.461　74.676　32.461

吾妻橋 (1931年)　38.405　44.810　38.405

蔵前橋 (1927年)　48.158　50.902　48.158

厩橋 (1929年)　45.72　54.864　45.72

両国橋 (1932年)　50　62.22　50

首都高速
6号, 7号線

新大橋 (1976年)　103.80　64.60

首都高速9号線, 隅田川大橋 (1970年)
首都高速9号線
隅田川大橋
53.96　100.05　56.29

清洲橋 (1928年)　45.72　91.44　45.72

永代橋 (1926年)　41.148　100.584　41.148

佃大橋 (1964年)　64.3　90.0　64.3

相生橋
月島
大川端リバーシティ21

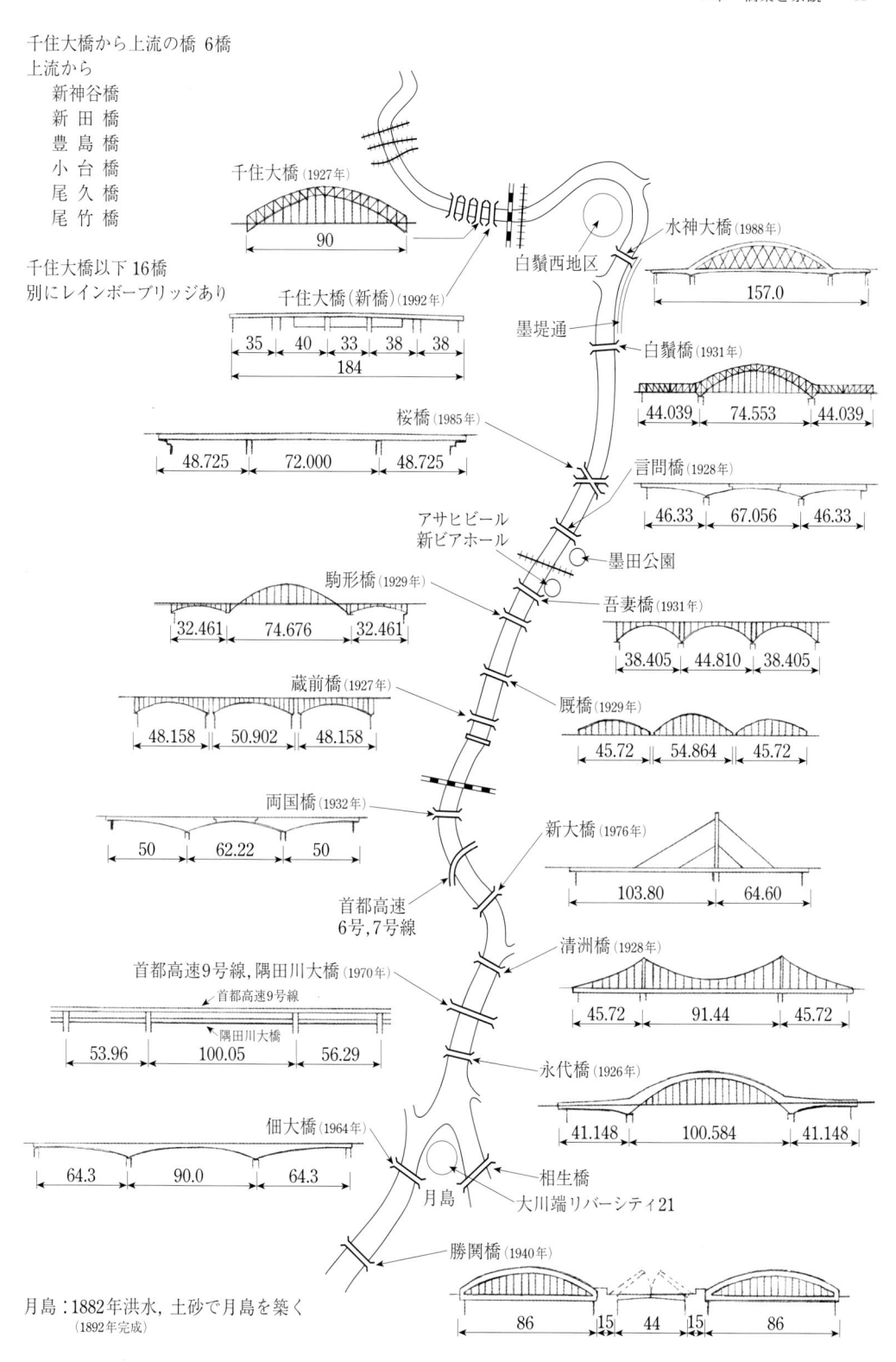

月島: 1882年洪水, 土砂で月島を築く
　　(1892年完成)

勝鬨橋 (1940年)　86　15　44　15　86

図 9.22　隅田川の橋．橋のタイプと位置, 完成年
　　　　　(出典：東京都建設局「東京の橋と景観」に基づき作成．一部加筆)

世絵を模写したことでも知られている．現在，斜張橋支柱に広重のレリーフ銅板が取り付けてある．

永代橋：1698年，5代綱吉の50歳記念で架橋．1897年鋼橋．震災で破壊，1926（大正15）完成．

吾妻橋：隅田川最初の鋼橋（1887年）．

厩橋：1874（明治7）10月架橋．

(2) 江戸時代の隅田川の位置づけと河口の利

a. 隅田川の位置づけ

歴史的に見ると，隅田川は町の外れにあり，町の守りになっていた．また，両国橋の橋名の由来は"国境"に架かる橋の意である．そのため，両国橋は，大惨事がその必要性を認識させるまで架橋されずにいたが，このような例は架橋史に類を見ない．セーヌ川のパリが，その"中の島"のシテ島から誕生しているのと比べて大きく相違する．

b. 河口都市の利

江戸は隅田川の河口にあったことで，水運の便に恵まれた．さらに河口付近には日本橋川（運河），神田川があって，"お江戸日本橋"に連なっていた．したがって，隅田川，日本橋川沿岸に倉庫が立ち並ぶのは当然のなりゆきであった．

隅田川においては，明治から昭和にかけて水運の利を活かした倉庫が大手企業によって建てられたが，現在はそれらの跡地の活用が進められている．その結果，隅田川の景観は，大川端リバーシティ21（佃島），箱崎（永代橋付近）に見るように変わった．墨田区のビール工場跡には，スーパードライホールが立ち，屋上に金色の人魂状のオブジェが据えられている．セーヌ河畔の歴史建造物と比べ，景観の相違に興味を惹かれる．

9.3.3 隅田川の景観とセーヌ川橋梁

隅田川は都市河川である．しかし，都市河川といっても都心部河川もあれば，臨海部河川もある．東京区部では日本橋川，神田川は都心部河川である．隅田川でも月島，東京湾に直結する佃大橋（1964年，橋長576m），勝鬨橋（1940年，246m）の辺りは周辺の情景からみて臨海部河川としての分類に入るだろう．このような分類は景観対策上の大前提となるのである．

佃大橋直上流の永代橋は都市河川と臨海部河川との2つをそなえた景観となる．

ここでは永代橋から白髭橋までを都市河川・隅田川として考察する．

(1) 橋のタイプ

永代橋から白髭橋まで約5600m（早慶レガッタコース）にかかる橋のうち，新大橋（1976年），桜（1985年），および鉄道橋，首都高速道路橋は，時代の要求により，近年になって架橋されたものである．一方，古くからの橋は関東大震災復興事業によるものである．橋のタイプは図9.22に示すようにサスペンション，アーチ，ゲルバー，連続桁とあり，上路橋，下路橋さまざまである．セーヌ川の橋は上路橋が大勢を占めるのと比べて趣を異にし，ここに景観上の視点の相違がある．

a. セーヌ川に架かる橋梁

セーヌ川橋梁は建設年代が古いこともあって，上路アーチ橋である．このタイプは橋梁構造上の美ではなく，橋自体の装飾性に重点がおかれている．その代表がゴシック様式のアレ

クサンドルIII世橋，ミラボー橋のピア部の女性像である．また，年代の古いポン・ヌフは径間数が多い（右岸流7，左岸流5，計12）．ピア部，主桁部に装飾的意図が見える．

b. 隅田川に架かる橋梁

建設年代は1926-1932年（大正15-昭和7）であり，橋種は多様，アーチタイプでも上路橋，下路橋とがある．隅田川橋梁の下路アーチ橋はタイドアーチであり，基礎重視の意図がうかがえる．径間数はすべて3径間である．

近年，架橋された新大橋は斜張橋，桜橋は連続桁橋であり，橋の景観はスレンダーで見栄えがよい．元来，連続桁は沈下に対して弱点があるが，桜橋の活加重は人道橋であるので軽い．

隅田川橋梁では，橋の装飾は一切なく，橋梁構造に基づく橋自体のデザイン美を強調している．わが国の橋梁ピアに装飾が考慮されないことは日本河川の流速の速いことにも起因する．近年，セーヌ川橋梁の装飾をコピーするような考えが現れているが，彼此の河川特性をわきまえることである．

c. 短橋長

隅田川橋梁の橋長については，言問橋の237 mを除けば149 m（駒形橋）から187 m（清洲橋）までである．セーヌ川橋梁より短い．橋長の短いことは，下路アーチ橋では橋が川を圧迫するという問題がある．

d. クリアランス

隅田川での下路アーチ橋，サスペンション橋の採用は，船舶航行のためのクリアランスを考慮したためと思われる．セーヌ川は河口からシテ島まで1 500トン級の船舶が航行するが，沿岸道路面の高さが水位に対し余裕をもつので，上路アーチ橋の採用が可能である．

以上を要約すれば，隅田川橋梁には橋自体の景観美の思想がある．これは，当時のわが国における橋梁設計についての基本的考え方であった．

(2) 堤防護岸と景観

セーヌ川には堤防がない．護岸である．洪水対策としては高水敷がある．このことで沿岸には植栽が可能である．

a. 水辺景観

上述の堤防と護岸工の相違が景観上の差となっている．さらにセーヌ川には高水敷があり，これが埠頭の施設，舟の停泊となり護岸景観に趣を添えている．また，高水敷は散策路ともなり，親水性に寄与している．

b. 建物の正対

セーヌ川では建物は川に対しファサード[注49]があり（正対し），景観美を添えている．隅田川では建物の背面が見られる．これが景観上の欠陥となっている．隅田川は堤防によって

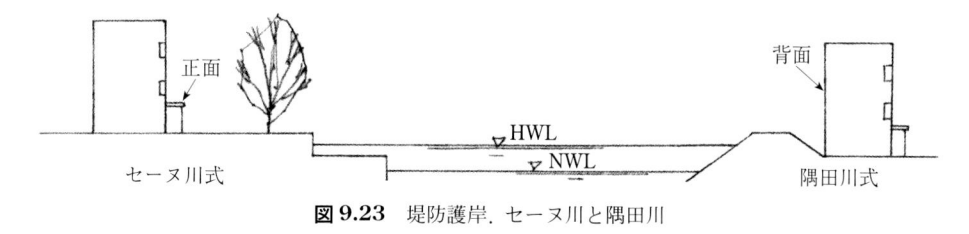

図9.23 堤防護岸．セーヌ川と隅田川

[注49] ファサード：フランス語で正面のこと．

河水を防御しており，その結果，植栽は不可能とされている．

隅田川では最近，緩傾斜堤防とし，高水敷の代わりに小段，エプロンを採用するといった景観への配慮が見られるようになった．例として，桜橋付近（図 6.25），永代橋付近箱崎ウォーターフロント（図 6.29），さらに堤防植栽のためスーパー堤防（高規格堤防）の施工が見られる（図 9.24）．

c. 高架橋と H/B の影響

隅田川左岸を走行する首都高速の高架橋が景観に支障となっている．セーヌ川には見られない．さらに，ビルが両岸に立ち並び，H/B の値は年々増大し，隅田川の川幅は狭隘の感覚を与えるようになった．景観美に支障となる．

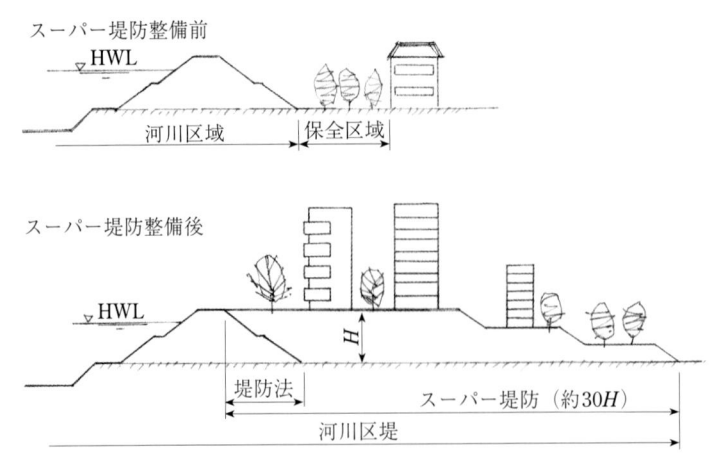

図 9.24 スーパー堤防

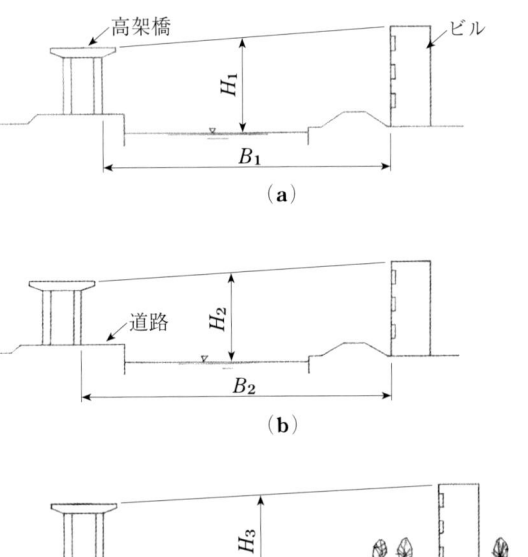

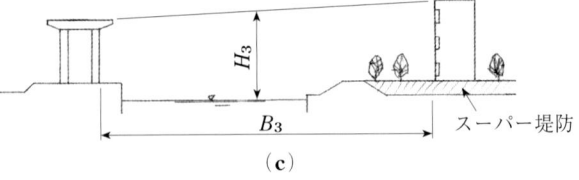

図 9.25 川幅と両岸の高さ

(3) 隅田川の洪水対策と景観

隅田川の洪水対策は千住大橋の上流の岩淵で荒川放水路に放流している．往時は荒川放水路はなく，荒川だけであった．この洪水対策により隅田川の水位は安定している．

セーヌ川は緩流であり，流域面積が大であるので，非常出水に対して考慮をはらっている．このため常時は流下断面に余裕がある．とくに隅田川に見られない高水敷があることは，景観上の利点となっている．

9.4 生活空間に溶け込む橋梁

9.4.1 歩道橋とその周辺
(1) 跨線橋と歩道橋

跨線橋の概念は軌道を横過する橋梁である．しかし，近年は交通施設が輻輳して道路の立体交差が目立ち，道路を横過する橋梁が増加して，高速道路，バイパス道路，新幹線における高架橋との区別も難しくなった．ここでは，単一径間，長スパンの高架橋を跨線橋とし分類し，連続桁の場合を高架橋として分類することとする．また，歩道橋も跨線橋の一つであるが，歩道橋は橋面が道路と高差をもつものとして考える．

たとえば，神戸市ポートピアの歩行者専用の橋梁は橋面が道路と同レベルで立体交差をしているので跨線橋であると分類する．京王線多摩センター駅前通り—多摩ニュータウンの多摩パルテノンの歩行者専用橋も跨線橋である．渋谷駅前の高架橋は特殊長大スパンであり跨線橋と分類する．

a. 跨線橋

市街，住宅街を通過する跨線橋の場合，周辺の環境との取り合わせで優雅，フレッシュでなければならない．

1. 多摩ニュータウンの跨線橋

駅前から階段で跨線橋へ，跨線橋は勾配をもつ橋面が直線道路で多摩パルテノンに突き当たる．パリのセーヌ川の橋に見かける軸線景観[注50]を感じさせ，周辺はオープン・スペース，広い道路，しゃれた商店街ビル，ホテル，オフィスビルが優雅な生活空間を醸成している．この橋はアバットがブリック，高欄は黒，意匠もクラシック調，橋灯は黒，橋面はブリックタイルでやすらぎを与える．

2. 横浜・伊勢佐木町入口の吉田橋

径間約 13 m，親柱，笠木がブリックタイル，高欄は図 9.26 のように竹矢来の格子で黒である．ちなみに，ここで用いられた黒は造園の柵を彷彿させる風情がある．

もともと，この橋は吉田川に架かる橋であるが，現在この川は高速道路となっている．横浜開港直後の仮の木橋を 1862 年（文久 2）に改築したもので，この高欄のデザインを現在の跨線橋に活用している．

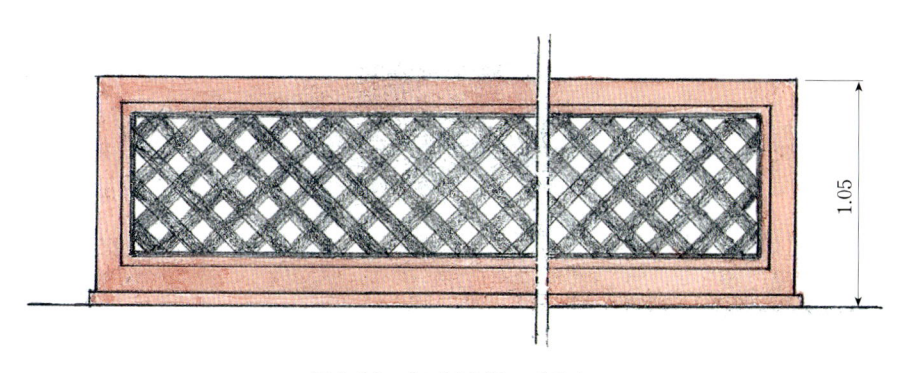

図 9.26 吉田橋高欄のデザイン

[注50] 軸線景観：橋の中心軸の突き当たりに建物正面の景観がある．セーヌ川の橋はほとんどがこの例である．

このほか，跨線橋の意匠には高欄に木琴効果を演出したもの，彫刻を配したものなど，楽しみを表出したものが見受けられる．

b．高架橋のあり方

隅田川左岸の高架橋，日本橋川の高架橋のように，高架橋の存在は景観上は歓迎されないが，近来の交通体系ではやむを得ない．しかし，日本橋上の高架橋は問題である．これは昭和40年代の高度経済成長期の経済優先の影響によるものである．歴史的建造物日本橋の存在が重視されるべきであった．

この歓迎されない高架橋を救う対策を，デザインと色彩の面から考える．

高架橋には首都高速道路のように都市空間を走るものと，新幹線鉄道のように田園空間を走行するものとがある．また，首都高速の高架橋の場合もオープンな空間と，ビル・商店街のクローズド空間とがあり，デザイン上，色彩上，取り扱いが異なる．

高架橋は橋下を行き交う人，車に圧迫感を与えている．圧迫感を排除するには，主桁のデザインを工夫する必要がある．色彩面では明度を高くし，明快な感じを与えることによって圧迫感が排除できる．

東北新幹線では主桁断面にテーパーをつけて軽快感を表出している（図9.6 b）．さらに図9.27に示す六本木高架橋のように意匠的に優雅なものがある．高欄はベージュ，モスグリーンの線，断面のRなどに注目したい．

なお，荒川沿いの高架橋は視界が開けるのでグレー系の色彩がよい．明るい色調は客船，新幹線の車両のように軽快感を与える．

図9.27　東京・六本木交差点の高架橋

(2) 歩道橋

a. スロープ

歩道橋は車優先の思想のあおりを受けた産物である．現在では都市景観を損ねるということで建設は進められていない．しかし，交差点のような場所で地下道に難点のあるところでは歩道橋の意義は大きい．時代は高齢者社会へと移行しているので，取付部階段スロープを緩かにし，幅員を広くとるようにして欲しい．

東京・渋谷駅前の歩道橋はその一例である（図9.28）．

また，概して，これからの歩道橋は，ビルの一環をなすなど優雅なデザインになりつつある．

図9.28 東京・渋谷駅前の歩道橋

b. 色彩

一般に高明度の色彩を使用し圧迫感を与えないこと，歩道橋の存在を表出しないことなどが留意事項である．

飯田橋駅前の歩道橋は，主桁がクリーム，高欄がウルトラマリン色のツートーン調をしている．渋谷駅前の歩道橋はモスグリーンとベージュ，横浜本町通りのものはベージュとコーヒーブラウン，名古屋のセントラルパーク・ブリッジはベージュとゴールディシュ等軽快であり，近代性，気品があってよい．

また，立体交差道路の歩道橋では多摩ニュータウン駅前のように美観上，アバットをタイル，ハンドレールをコーヒーブラウンのアルミ，あるいは黒のメタルのように配慮したものもある．

c. 透視空間

1) パリ・サンマルタン運河の歩道橋の考察

歩道橋は鋼製アーチで，非常にスレンダーである．運河幅員は約 7 m，運河両側に落葉樹並木，さらに外側に道路がある．図 9.29，9.31 に示すように透視空間があり，橋の容姿もスマートである．わが国の歩道橋にも活用できる[注51]．

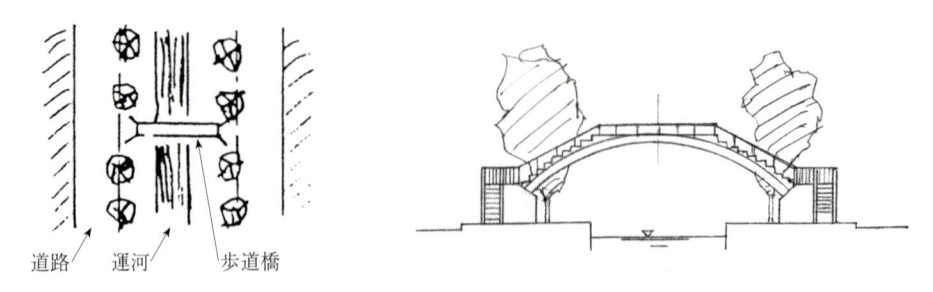

図 9.29　パリ・サンマルタン運河模式図

図 9.30　パリ・サンマルタン運河の歩道橋

2) 大規模歩道橋の例：名古屋市，セントラルパーク・ブリッジ．

道路幅員 100 m の名古屋市中央道路を横過するための歩道橋である．車道にはピアは一切なく，歩道との境界にピアがある．橋梁形式は傾斜支塔斜張橋である．透視空間尊重の意図が読みとれる．

[注51] はたせるかな 1981 年 10 月，名古屋セントラルパーク・ブリッジにこの容姿が誕生した．

竣工：1981 年 10 月
所在：名古屋市桜通り
デザイン上の特長：
1. 透視空間の重視：斜張橋，傾斜支塔
2. 非対称の美：支塔 1 つ
3. 材質吟味：ゴールディシュ・アルミ
4. 色彩：高欄は金色，主桁はベージュ
5. 補助ピア：ハイヒール・タイプ
6. 出入口のブリックタイル：親柱なく，いわゆるシビック・デザインのあり方

図 9.31　名古屋・セントラルパーク・ブリッジ

9.4.2　橋梁の内面

(1)　橋は出会いの場

　橋梁を景観としてとらえてきたが，最近は橋梁取付部，橋上の歩道に"くつろぎの空間"を演出するようになってきた．

　高度成長期の車社会の時代は，車道，ドライバー優先の思想があった．これは橋梁についてもいえることであって，橋梁取付部での"くつろぎの場"，橋上での眺望，歩道におけるデザインに生活空間としての配慮がなかった．いまようやくにして「川と水と緑」のテーマのもとに，人が河畔にたたずみ，休息するといった人間尊重の思想をとり入れるようになった．すなわち，橋梁の内面からのデザインが進められるようになってきたのである．思えば，

江戸時代の橋，たとえば江戸の両国橋には出会いの場の楽しさがあった．

富士市，潤井川大橋には橋上から富士を眺望，楽しめる場がある（1984 年 8 月竣工，$l=50.8$ m，幅 34.5 m，ローゼ桁）．

図 9.32 は隅田川に架かる新大橋の歩道，バルコニーである．橋上から隅田川の景観を楽しめる．この支塔には目通り高さに広重の浮世絵のレリーフがあり，歴史的なものへの配慮もなされている．また，隅田川の桜橋は遊園地式の歩行者天国の橋である（図 7.1）．

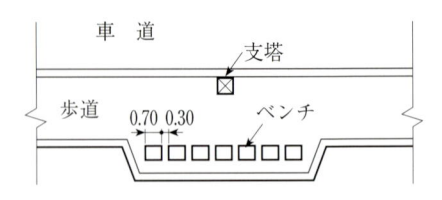

図 9.32 隅田川新大橋の歩道バルコニー

(2) 橋梁における歩道のあり方

橋上でのくつろぎの認識は重要である．歩道と橋梁取付部にオープン・スペースをもつ橋の設計の可能性はますます広がることだろう．歩道にはベンチ，植栽（花壇），彫刻，時計などアクセサリーを配慮することなどが考えられる．設計に当たっては，歩道の幅員にゆとりをもたせること．そして，歩道の路面にはつや消しタイルをあしらうとよい．

(3) 人物像のある橋

図 9.33 はイタリア・ローマのテーヴェレ川に架かるサンタンジェロ橋である．AD136 年築造の 5 連のアーチ橋で古代ローマを代表する橋である．橋の欄干にはバロック期の巨匠ベルニーニ[注52]の天使像（コピー）が飾られている．

図 9.33 サンタンジェロ橋（ローマ）．橋の正面はサンタンジェロ城

[注52] ベルニーニ Giovanni Lorenzw Bernini（1598-1680）：イタリアの彫刻家・建築家．

10 章　水辺景観

10.1　水辺景観の原点

　近年，河川，港湾などの水辺に"くつろぎ"や"憩い"の場を求める傾向が盛んになってきた．これにより親水性護岸が生まれることとなった．親水性護岸では，周辺環境と調和するように，水辺景観のあり方が重視される．親水性を考慮した水辺計画やウォーターフロント計画は，地域の活性化とともに弾みをつけ，環境行政の一翼を担うようになっている．

　ところで，ウォーターフロント計画も広義の水辺計画であるが，しかし，水辺計画とウォーターフロント計画には用語上，ニュアンスの違いがある．この点への留意は設計上の問題にもかかわるのではじめに指摘しておこう．

図 10.1　高層ビルとウォーターフロント．佃島リバーシティ 21

両者の違いを示すと，次のような図式となる．

ウォーターフロント　→　洋式庭園　→　人工的
水　辺　　　　　　　→　日本庭園　→　自然的

ただし，隅田川のウォーターフロント計画は特異な例である．
　桜橋周辺の護岸は緩傾斜護岸であり，水辺には散歩道がある．洋式庭園風のデザインでありながら，緩傾斜護岸に往時の日本河川の堤防をよみがえらせている．一方，隅田川河口の佃大橋付近のリバーシティ21は，東京湾臨海部開発構想とともにウォーターフロント計画といえるものである．臨海部のウォーターフロントは，テムズ川―ロンドン，ハドソン川―ニューヨークと同様に周辺のオフィスビル，交通網とのかかわりがあるので，安易な設計は許されない．
　本章では，河川，用水路，運河における水辺景観を中心に解説することとする．

10.1.1　河川と人とのかかわり

　洋の東西を問わず古来，舟運は物資輸送の主要な手段である．わが国でも江戸時代には川岸の船着場に倉庫群が立ち並び，水辺景観の一つとなっていた．これは広重の浮世絵にも見られる．また，河川の利用は舟運ばかりでなく，わが国のような稲作民族の間では，取水堰，用水路などが生活と密着していた．そのほか，川魚捕獲のための梁場や網場なども散見される．
　一方，日本人の河川とのかかわりとしては，暮らしや生産のための利用だけではなく，川を愛でたり川と親しむといった心情的・文化的な側面も強調しなくてはならない．たとえば隅田川の両国橋，新大橋などの河畔は庶民のくつろぎの場であった．そして，川面に浮かぶ渡し船や屋形船などが様々な景観を呈していた．また，とくにわが国では，夏の高温多湿な気象条件が夕涼みや蛍狩りなどの川との固有の深いかかわりを育んだこともあり，川の流れ，橋，行き交う人，対岸，堤防，水制工などの護岸工，水際の葦，水鳥などは，情緒豊かな情景を生みだした．

10.1.2　日本の河川と護岸工

　9.3節で述べたような特徴をもつ日本の流水河川は激しく岩を嚙み，流路は荒れて対岸にぶちあたる．川の流れは，横山大観の「生々流転」の表現のような情景となる．このため護岸堤防，水制工に日本特有の工法を産み出し，同時に河川敷への対策を要することとなる．すなわち，常時流出の低水敷と高水に対する高水敷をそなえなければならず，さらに都市化の進展は出水に拍車をかけて，河口部の洪水対策のための垂直側壁護岸へとつながる（河口部対策については後述する）．
　こうした日本特有の気象と地勢は水辺景観の多様性の原因となり，変化に富む水辺景観創造の歴史は古い．400年以上の昔から，武田信玄で名高い霞堤，また越前川倉（三角枠ともいう），聖牛，弁慶枠[注53]，木工沈床，蛇籠，梯子胴木，野面石護岸，切石床止工，柵工，洗堰，砂防堰など数多くの工法が案出されて，水辺景観の情緒に寄与している．また一方，日本の急流河川と土砂流の多発は砂防ダムを産んでいる．砂防 sabo は津波 tsunami（明治29年三陸沖地震による）とともに国際語になっている．日本の荒れ川の証拠といえよう．

注53）聖牛，弁慶枠，菱牛（ひしうし）などの水制は1532-1555年（天文年間）以降の技術．

10.1.3 水辺景観と名画

　山に恵まれ，川に親しみ，気候温暖，降雨の多い気候風土の日本では，自然を愛し，花鳥風月，山水を愛でてきた．これは自然との交感といえよう．このような文化をもつわが国では，造園においても，盆景，庭師による築山，滝，池などを配した小堀遠州[注54]に見られるような作風が発達した．

　一方，絵画の世界では，庶民文化が成立した室町時代，風景画の大一人者，大画僧の雪舟[注55]が精神性の高い水墨画による山水画を残している．近年では，明治，大正，昭和3代にわたり日本画壇で活躍した横山大観がいる．彼の宇宙の輪廻を表現した一大絵巻物 (長さ15 m)「生々流転」(1923年) は55歳のときの作品である．この作品は深山の降雨，水の源から流水の様々な情景，そして人とのかかわり，最後に河口に至り，大海に注ぎ竜巻となって上昇，雨雲となる風景である．この水墨画は山水画の最たるもので，日本ならではの作品である．水辺景観の原点を見る思いがする．

　中国では北宋 (960-1126) の末期，1110年頃の張択端の作「清明上河図」が水辺とその沿岸のいきいきした生活を描いている (図 10.2)．北宋の政治中心地汴京 (開封のこと) の城内を貫流する運河汴河，この運河は春，清明節 (陽暦4月5日，陰暦3月) の頃，にわかに水量を増し，橋下を通過する客船も力一杯船を進めている．運河に沿って酒楼や商家が立ちならぶ．北宋の時代には唐代の貴族支配が衰え，代わって庶民の経済力が豊かになり，庶民の文化が花開き，とくに宋磁の名品が景徳鎮 (上海南西 450 km にある都市) の釜で多数焼かれた．水辺景観が庶民の時代に飛躍的に発展することはパリ，江戸などと軌を一にしている．

図 10.2　清明上河図 (張択端画，1110年頃)．北京故宮博物館所蔵の原画は，絹・墨画淡彩 24.8×53.8 cm．橋の構造が岩国市錦帯橋に似た木造の寄せ木であることに注目したい

注54) 小堀遠州 (1579-1647)：江戸時代の茶人，建築と造園に秀でる．茶道を古田織部に学び，遠州流を創始．通称作介．従五位下遠江守．

注55) 雪舟 (1420-1506)：京都相国寺の禅僧．応仁の乱のとき，明に留学，中国の山水で学ぶ．水墨山水画は修禅の手段にほかならず，禅観によって自然の真髄をとらえた．帰国後は周防山口の雲谷 (うんこく) 庵に住んだ．毛利家の山水長巻 (長さ 16 m) は中国の自然を描いている．写生した天橋立図で純粋な日本の山水画を創造した．

西欧に目を転じよう．1830年フランス7月革命の年には，パリ東南のバルビゾン村での写生，コロー，ミレーなどに始まる野外の自然風景写生へと画題が転じた．クールベ（1819-1877）などは水辺，海浜をものにした．1848年2月革命の頃には印象派的な色彩表現，とくに1872年，モネの「印象・日の出」による印象派の誕生，そのほかモネのセーヌ河畔の「アルジャントゥーユの橋」などがある．

図10.3　グランド・ジャット島の日曜日の午後（ジョルジュ・スーラ画，1886年，油彩 206.×308 cm，シカゴ美術館所蔵）

　新印象派（点描派）のジョルジュ・スーラ（Georges Seurat）の作品はセーヌ川の水辺にかかわるものが多い．彼の1886年の作品「グランド・ジャット島[注56)]の日曜日の午後」は，文字どおり日曜日のくつろぎの日の水辺景観である（図10.3）．この絵は，構図上完成された様式美をそなえており，描かれた時代に先んじてモダンであり，現代に通ずる．

　ちなみに，パリのセーヌ川が現状の姿に近づいたのはアンリ4世時代（位1589-1610）である．シテ島の下流先端のポン・ヌフ（pont neuf，新橋）の架橋は1604年であり，両岸の高水敷も整備されてきた．水辺景観として見た場合，高水敷の存在は両岸にゆとりをもたせ，広がりの空間となっている．日本では大阪の中之島にこの面影がある．

　また，イギリスにおいてはストゥアヘッドの風景庭園が18世紀に誕生している．この庭園は，画家クロード・ロラン[注57)]の作品を，ロンドン西200 km（ブリストル水道の奥）の地に再現したものである．

注56)　グランド・ジャット島：パリ近くの西北，セーヌ川にある島．
注57)　クロード・ロラン：フランスの画家（1600-1682）．絵の勉強ため生涯の大半をローマに移住して過ごした．風景画を絵画の一つとして確立．作品中に古代のローマの建築物を懐旧の詩情豊かに描いた．

10.2 水辺景観の要素とデッサン

図 10.4,10.5 に示した風景は相模川中流部のものである.写生地付近は往時より鮎釣り人で賑わい,水質は良好,右岸高水敷は春の行楽シーズンにはキャンプ場で賑わう.

図 10.4a 山峡早春の水辺景観.神奈川県相模川中流部,小倉橋(昭和 31 年架橋)下流からのもので,右岸より左岸を眺めたもの

図 10.5a 津久井河畔.図 10.4 と同じ小倉橋下流のもので,この絵は左岸より右岸を眺めたもの.対岸の松林は堤防に影を落とし,さわやかな風が吹き渡る.さながら,京都嵐山峡の景観である

図 10.4 b　図 10.4a のデッサン

図 10.5 b　図 10.5a のデッサン

10.2.1 水辺景観の要素

図 10.4 の山峡早春の水辺風景は，下流右岸より左岸小倉橋を眺めたものである．河川勾配は大略 1：200 ぐらい，右岸に高水敷（絵の近景）がある．図 10.6 に流路を示したように，小倉橋上流で右折し，小倉橋直下流の左岸に衝突し右岸に流路を変える．このため右岸にブロックによる水制工，左岸岩盤下流は葦[注58]が生い茂る．小倉橋付近は峡谷のようになっている．

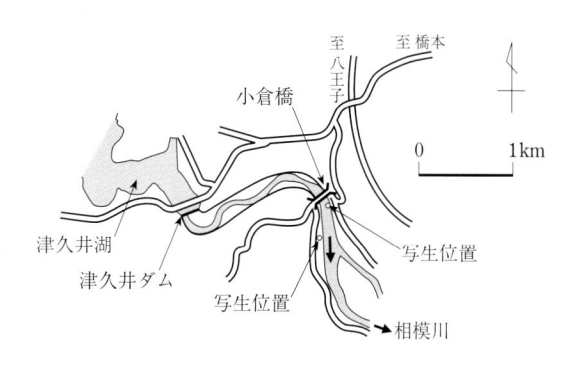

図 10.6 小倉橋位置図

これらの絵に見られる水辺景観の要素をまとめると，次のとおりである．

① 河川勾配に緩急の変化がある．
② 流路に変化がある．
③ 川幅約 100 m，対岸景観の視距離にある．バックは 200 m に山（左岸）．
④ 河川敷：低水敷，高水敷がある．堤防：野面石の練積み，緩傾斜護岸．
⑤ 水制工，対岸の岩盤，水位観測所，葦，両岸の木立（左岸は欅，桜，右岸は松），橋，釣舟の留場，料亭．

小倉橋周辺が水辺景観の要素のほとんどすべてを具備していることがわかる．さらに，水辺景観で大切なことは，景観要素のほかに，空気がさわやか，水がきれい，陽射しがよい，騒音がない，静けさがあること，などがあげられる．小倉橋周辺はこれらの条件もそなえている．

10.2.2 風景画（デッサン）の描き方

ここで，図 10.4，図 10.5 の絵を例にして風景画（デッサン）の描き方の基本を説明しておきたい．

最近ではコンピューターを使って景観の視覚化が行われている．しかし，デッサンを描くこと（作画）は，人の手で容易にイメージを示せるのみならず，作画するためには風景を構成する要素を明らかにする必要があるので，景観にかかわる技術者として眼を養うにも役立つであろう．

(1) 一般的な留意事項

春ともなれば，野外に散策を，と楽しみが出てくる．川原に出て水辺を眺めるのは快適である．心が和む．思わず写生したくなる．さて，写生だが，ではどうすべきか．

自然対象に対して広々とした構図をとること，および道具立ての少ない簡素化を心がけることに留意する．

はじめに大切なのは自然のもつ空間．すなわち近景，中景，遠景である．それを確認し，縦，横の分割の中に納める．そのとき，注意しなければならないのは横の分割（水平線）で

[注58] 葦：水辺に自生するイネ科の多年草．「ヨシ」ともいう．川の浄化作用を妨げるものに護岸工事があるが，そのほかにダム建設がある．川の汚染による影響も大きい．この汚染水による流水の淀み，川底の汚濁は川の自然の浄化作用に多大な支障となっている．ここで考えられる対策は葦の育成がある．

ある．天地を二分しないで3:7または4:6，その逆にするのがよい．縦も3:7または4:6，その逆がよい．

次に画面に気韻生動が感じられること，すなわち画面に気品のある動勢（ムーヴマン，movement）が必要である．

野外の木立．芽吹く頃，萌黄色の若葉，裸木の枝振りなど爽やかな感じである．光も弱く，木陰も弱い．空はピンク色だ．草原は黄ばんでいる．

木立の描き方は図10.5のようなコウモリ傘形（繁っても裸木でも同じ）にする．また裸木の梢は逆光の場合濃く描くこと．そして根本は周辺の反射で，明るく描けばよい．

5,6月ともなれば樹木もコウモリ傘の複合形である．

「自然は円筒，円錐，球体からなる．」（セザンヌの言葉）

木立はコウモリ傘形で描けばよい．

(2) 津久井河畔

a. 空間の表現

風景画には空間が必要である．そして，空間の表現には"近景""中景""遠景"をほどよく配置すると効果的である．バックが広々としている．この絵の場合，近景は並列した木立，中景は左手の家，木，広場の柵，相模川対岸（中央から右手）であり，遠景としては対岸左手，遥かな山並みがある．

b. 動線の流れ

画面には動勢が必要である．これがないと絵が平板となり，生きない．この絵では，図示のように対岸と坂道が動線の流れを示している．

c. 画面の分割

構図上，黄金比（0.382:0.618≒4:6）で画面を分割するとよい．この絵では，左右の分割にこれを適用している．そして，近景左手の大樹の枝振りは左側に密で，坂道とともに左への動勢があり，対岸は右へ動勢がある．

一方，画面の分割は天地方向も考慮する．中央水平線により二分されているが，右への傾斜がある．

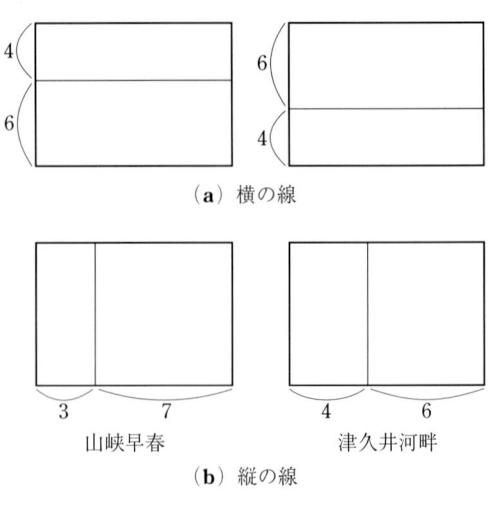

図10.7 画面の分割

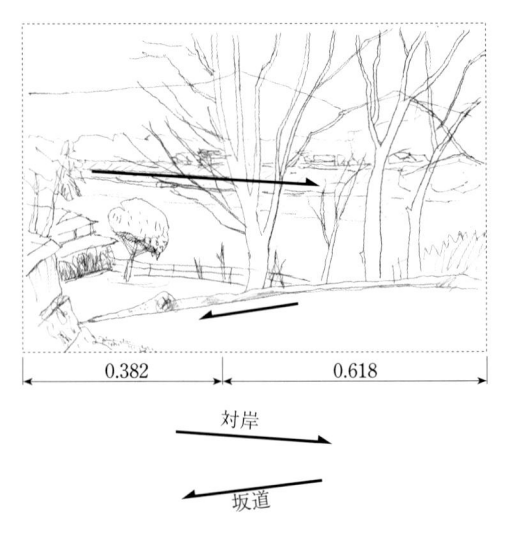

図10.8

d. 自然物の描き方

この絵では，木立は球体の半切り，草むらは円錐，芝生は縦点の並列で描くことができる．

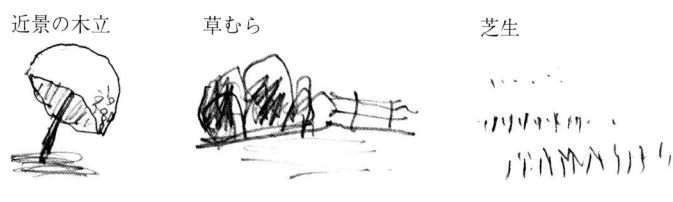

図 10.9 自然物の描き方

e. 空間のスケール

絵のなかに，大きさの「物差し」となるものを描き込むことにより，距離や空間のスケールを示すことが可能になる．この絵では，民家が物差しとなっている．

(3) 山峡早春

a. 空間の表現

広々とした川原，これに対して対岸の岩，家，木立がたてこんでおり，中景をなしている．近景は岸辺であり，枯れ木立，水制工のブロック，葦の存在をあげることができる．とくに枯れ木立の存在は大きなポイントである．また，左手近景の常緑樹は画面構成上，重要である．絵のための明るさ，大きさをもっている．

b. 動線の流れ

図示のように，遠景の尾根の流れと近景の岸辺が斜めの動線をもっている．

c. 画面の分割

近景，中景が川原で 4：6 の水平線で広としている．縦は 3：7 である．

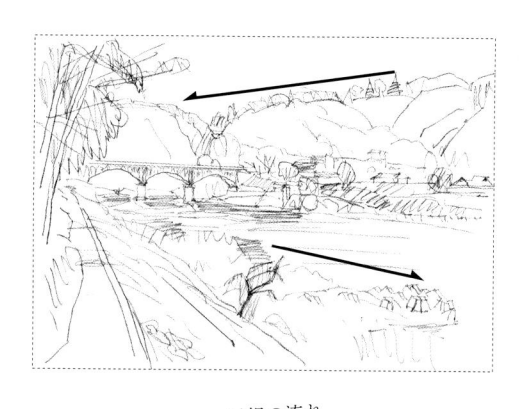

図 10.10

10.3　水辺景観の変遷と検討

水辺景観とは水辺における景観美である．
眺望する空間がほどよく配置され，そして情緒を醸し出すものでなければならない．また，その水辺は景観美と同時に，水遊びができるなど，親しみをもてるものでありたい．そのためには，水辺に憩いの場，やすらぎの場を設けることが求められる．すなわち親水性護岸工が必要である．

表 10.1 に示したように，戦後の河川改修工事とダム築造による河川護岸の変化は，景観美を阻害するものであった．景観デザインを行う際に留意しなくてならないことは，構造物の

個々の孤立した景観ではなくて，その地域の気候風土に調和した水辺景観を生成することである．

表 10.1 戦後の河川護岸の変遷

（戦前）	（戦後）	（現代）	（景観の変化）
自然河川の護岸 →	河川改修工事 ショート・カット方式 コンクリート・ブロック護岸工 →	流速増大，洗掘 流路の直線画一化 →	景観美の阻害
	ダム築造による河床低下 →	橋脚露出，常時流下量の減少 →	景観美の阻害
		集中豪雨，都市化による流出量増大 →	（とられた対策） 　川幅増大のための引堤， 　流下量増大のための垂直側壁護岸， 　河口部浚渫． 　→景観美の阻害

10.4 流出量と河道形成

河道を構成する河川敷と堤防は水辺景観の重要な要素である．河道構成要素はこのほかのものも含めて次のようなものがある．

1) 護岸工，堤防
2) 高水敷，低水敷
3) 床止工，取水堰

これらの構築には雨水流出[注59]を考慮した計画設計がなされる．

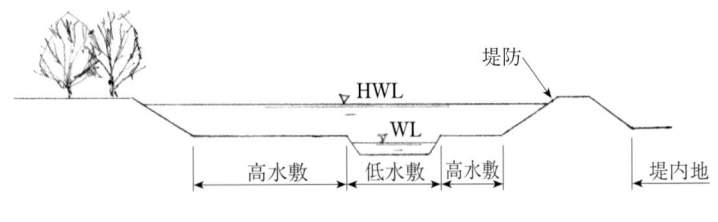

図 10.11　河道

10.4.1　護岸工，堤防

図 10.11 において，右岸堤防は堤内地が低地となっているので安定について対応しなければならない．堤防上の植栽は不可．しかし，左岸堤防は水圧に対して耐力があり水圧に耐えられるので植栽が可能であり，図 10.4 および 10.5 の絵にも見られるように，水辺景観形成上の利点がある．パリのセーヌ川は左岸様式，東京，隅田川はしばしば右岸様式となってい

[注59]　[流出量の検討]
　　　　確率降雨量　→　ハイエトグラフ（降雨曲線）の検討　→　確率最大平均降雨強度 r の把握
$$Q = \frac{1}{3.6} f \cdot r \cdot A$$
ここで，Q：洪水ピーク時の流出量 (m^3/s)，f：流出係数，r：洪水到達時間内の確率最大平均降雨強度 (mm/hr)，A：流域面積 (km^2) である．

る．防災上，景観形成上左岸様式が有利なことは自明で，近年，隅田川堤防も「スーパー堤防」(高規格堤防)による増幅が行われている．

10.4.2 高水敷，低水敷

河川敷は異常洪水に対処するための高水敷と常時流出の低水敷で形成されている．たとえば，多摩川は高水，低水の両河川敷をそなえる河川であるが，隅田川は単一断面の河川敷である．隅田川は洪水の場合，荒川放水路に逃がすからである．パリのセーヌ川は高水，低水の仕分けがある．

高水敷は常時はオープン・スペースになっており，遊休地としてスポーツ・グラウンド，遊歩道，花壇などでくつろぎの感じられる景観になっている．

10.4.3 床止工，取水堰

床止工は河水に小型の滝をつくり，河川景観におもむきを添える．図10.12，図10.13に示した羽村取水堰[注60)]は左岸，堰下流部が護岸沈工で，流水はエプロンが3枚の曲線をなし，布滝となって流出している．最近，庭園にこの設計を採用している．

図10.12 羽村取水堰

注60) 玉川上水：1653-54年(承応2-3)家綱の時代に開削された江戸時代の用水路．

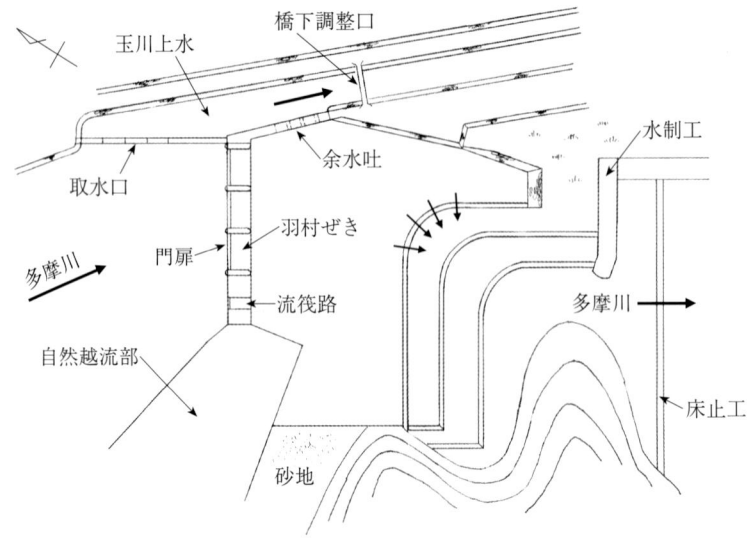

図 10.13 羽村取水堰平面図

10.5 堤防と水制工

10.5.1 緩傾斜堤防

　堤防の設計は土堰堤に膜状の防水層を施したものである．この防水層のほとんどにはコンクリートブロックが使用されている．このため，画一化し単調で冷たい景観になっている．最近は景観重視の観点より野面石を練石積仕上げした工法がとり入れるようになった．しかし，なにぶん工費がかさむので，景観上のポイントに局部的に採用している．

　図 10.14 は隅田川，桜橋周辺の護岸である．この護岸工は桜橋という遊園地風歩道橋の橋台取付部のもので，親水性に工夫がある．

1. 緩傾斜　　$n = 1:2$
2. エプロン　遊歩道
3. テラス　　遊歩道
4. 法面　　　張芝

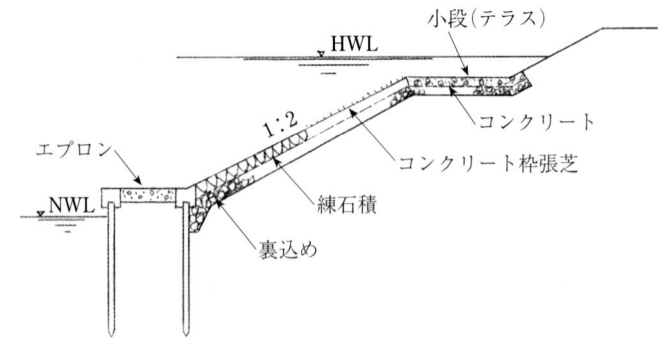

図 10.14 隅田川桜橋周辺の緩傾斜護岸

10.5.2 水制工

　流路の屈曲部に水制工を施工し，流路の整備をする．

　水制工間の張石工は湾曲に変化をもたせると景観上効果がある．また，水制工の施工に図 10.15 のようなものが見られ，景観美に効果がある．

　広島・太田川，東京世田谷区兵庫島公園（野川が多摩川に合流するところ）などによい事例を見ることができる．

図 10.15 水制工

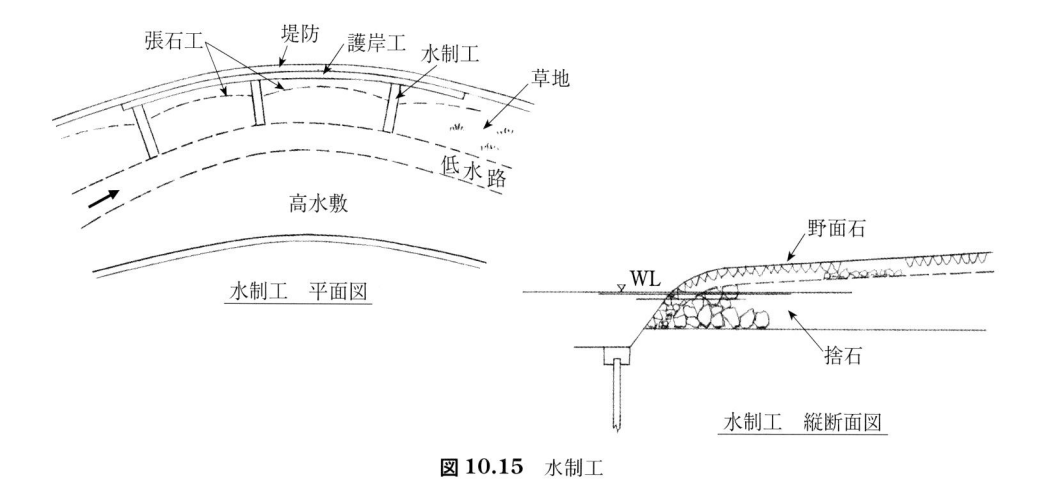

10.6 運河，用水路などの景観——ウォーターフロント

10.6.1 運河

わが国には大規模運河はない．わが国で有名な運河に小樽運河がある．用水路を兼ねた運河としては九州の柳川，千葉県の潮来(いたこ)の事例が有名である．小樽運河は道路とのかねあいで一部を埋め立てし，沿岸の倉庫群を残すことで生きのびてきた．柳川の場合は護岸は野面石(のづらいし)で柳並木に囲まれ情緒があり，潮来与田浦は視界が開けのどかである．

ヨーロッパでは地勢上運河が発達している．とくにオランダのアムステルダム（図 10.16），ベルギーのブルージュ（ブリュッセル北西 90 km の都市），北海に近い港町にさわやかな運河がある．両都市とも，両岸の木立がビルとともに景観の要素として生きている．

図 10.16 アムステルダムの運河．運河の両岸は道路，木立が立ち並び，バックのビルとともにしっとりとした静かな景観となっている（垂直線と水平線の組立による景観）

運河景観はベネチアから出発しているとされるが，近年，アメリカのニューヨーク，イギリス・ロンドンのテムズ川沿いの水辺景観に見るべきものがある．これらの景観は自然河川とは異なり，ウォーターフロントというべき人工的なものである．わが国でも隅田川下流部，ならびに臨海部にマリン・レジャーの普及とともにウォーターフロント計画の展開が見られる．

10.6.2 ウォーターフロント

ウォーターフロントにおける水辺景観の基本は，ビル前面に十分なオープン・スペースをとり，東京護岸（隅田川箱崎の護岸），浦安，アメリカのボルティモアのように港の水際にプロムナードをもつことである．また，横浜MM21の倉庫群，ロンドンのテムズ河水際のドックランド地区（イギリス産業革命以来の遺産）の倉庫群のような歴史的倉庫群がある場合は，文化遺産として活用することも考えられる．

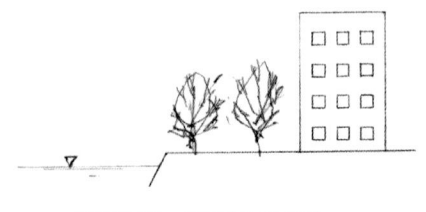

図10.17 護岸工と散歩道

一般的には，河川と異なり視界が拡大するので，ビルや構造物も従来の均質空間にならないよう，スケールの大きい景観空間を意識するとよい（図10.1参照）．

10.7 近自然工法による水辺景観

近年，都市化が丘陵地，山間部にも進み，降雨による流出はいっそう激しく，このため河川，用水路の洪水対策として垂直側壁，コンクリート造が多用されている．その結果，通水断面は画一化し，景観上味気ないものとなっている．したがって，ここにも水辺景観再生が望まれるようになった．[注61]

以下に，日本の国土に見合った自然のたたずまいの原点を中小河川を対象に考察しよう．

10.7.1 石庭，枯山水

京都の室町時代の造園に近自然の工法がある．京都の北隅にある金閣寺をはさんで西隣に竜安寺，東隣に大徳寺大仙院がある．竜安寺は石庭（図10.18），大仙院は枯山水（図10.19）で名高い．両者とも水は一滴もないが，水をよみがえらす造園の妙がある．

石庭の場合は，築地塀に囲まれた空間に，水を連想させる白砂に15個の石が点在する（白の反射で周辺軒先が明るくなる効果がある）．この作品には近代感覚の知性，新鮮さがただよい，自然を凝縮したものがある．

枯山水は岩に囲まれた渓流を表現しており，川底には白砂と数個の石を点在させ，流れをせき止める岩と，上流に配した石の橋で構成されている．川底の石の配置は石庭と同様に石の数は少なく，しかも主流と側流をイメージ的に感じさせる工夫がある．ここには池ではな

[注61] 近自然工法：本書では気候，風土に即し，自然になるべく逆らわないようにした工法を「近自然工法」という．類似の用語に「近自然型河川工法（または多自然型河川工法）」があり，これはコンクリートを主に用いて改修された河川をもう一度自然の川に近い形につくり直そうとする工法である．1980年代からドイツやスイスを中心に高まったもので，近年，日本でもとり入れられている．いずれも，動植物に配慮すること，土石，樹木等の自然材料を多用すること，河床や流路の多様性などを尊重することについては共通である．

図 10.18 石庭（京都・竜安寺）

図 10.19 枯山水の庭園（京都・大徳寺大仙院）

く渓流を感じさせる妙味がある．

10.7.2 取水堰

a）魚道の構造（図 10.21a）

　水力発電所の取水堰に魚道と流筏路（りゅうばつろ）(navigation way)[注62] が併設される場合がある．発電用取水堰は常時，流水は漏らさず取水するため，漁業用に魚道，筏流しに流筏路をつくる．魚道の水はわずかであるが，魚は魚梯（ぎょてい）によりハードル方式で飛び越え，遡上する．

[注62] navigation way：ヨーロッパでも 18 世紀頃にはドイツ・ライン川上流に筏流しがあった．シュワルツヴァルトの森，フライブルクを発進して下る．ただし，木材需要が少なく，その規模は小さく，間もなく消滅した．また，ヨーロッパにも raft があるが，これは航行にじゃまになるものとされる．

図10.20 魚道の例（吉野川第10堰）

　流筏路は往時，紀州熊野川の筏流しのための流路として使用された．流筏路は角落締切(かくおとし)で，流筏時に締切をはずし流下水により筏を流す．これらは水辺景観設計に採用し得る．最近では観光目的の筏流しも見られる．

b) 渓流用改良型

　魚道からのヒントにより，また，大仙寺の枯山水からのヒントにより近自然形に改良した例を図10.21に示す．左岸側壁は越流形により布滝状の景観の創出に配慮した．

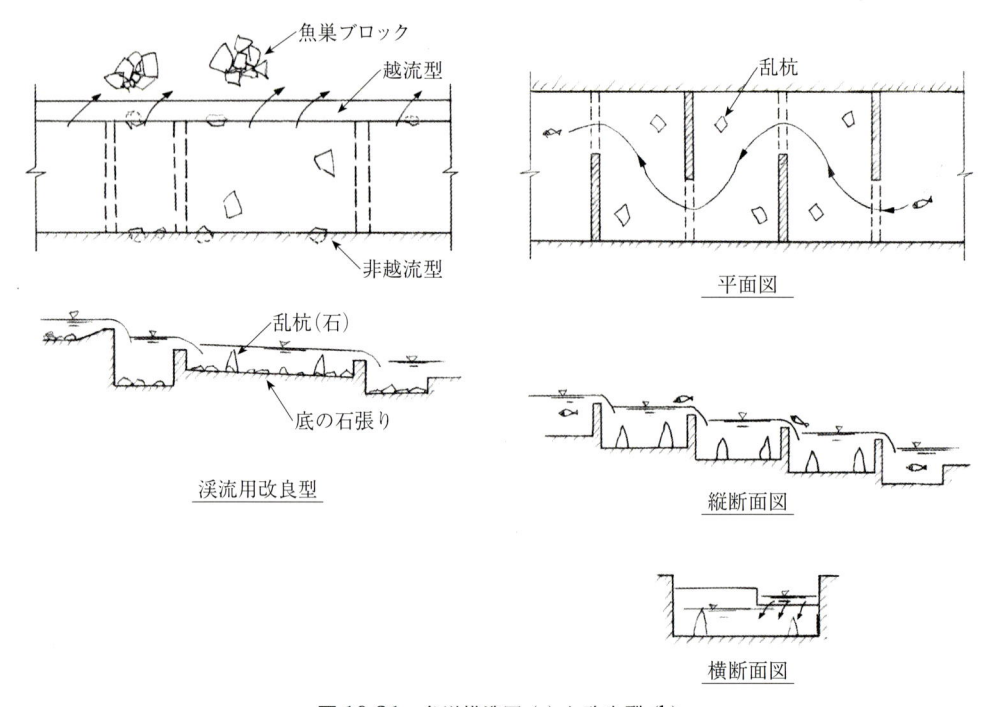

図10.21 魚道構造図 (a) と改良型 (b)

c）洗い堰

取水堰設置の場合，河床が砂利層のときは木工沈床により築造するが，流下水により堰下流が洗掘される場合は洗い堰とする．

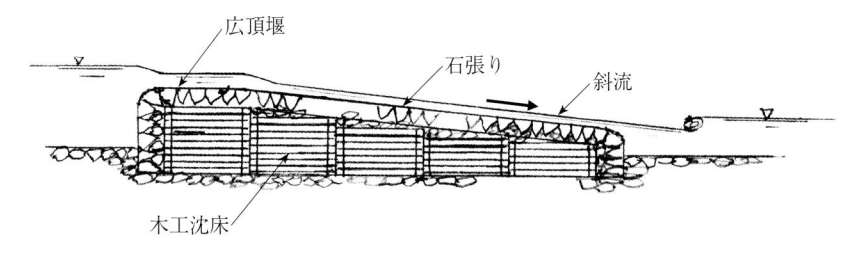

図 10.22 洗い堰断面図

d）取水堰，エプロンの曲線形

玉川上水の羽村取水堰がこのタイプである．この方式は造園，ウォーターフロント等へと応用が広い（図 10.12，10.13 参照）．

10.8 水辺景観と色彩

水辺景観は水辺とその周辺環境を含めた自然のたたずまいの眺めであり，川面を渡る風とともに情景がなければならない．情景とはそこはかとない情緒がただようものの景観である．その情景はわが国特有の気候風土よりにじみでるものであって海外の模倣ではない．人々は水辺にたたずみ，くつろぎ，心を休め，心を豊かにする――このような水辺景観でありたい．

日本の自然の色は，風土のもつ固有色にグレイがかけられた色彩である．グレイとは水蒸気，かげろう，川面とその環境空間が映発する反射光線[注63]による微妙な色彩である．このような特色をもつわが国の景観には，白いコンクリート・ブロック堤防護岸がなじまない場合が多い．また，周囲の風土による色彩を考慮すれば，取水堰のゲートに強烈な原色対比の配色を施すなどは考えられないことである．

『水辺の景観設計』に掲載された北海道・十勝川屈足（くったり）ダム[注64]のゲートの色を例に考察する．

この例では，スキンプレートを黄，フレームを青としている．この場合，強烈な原色対比とは高明度（白，黄）と低明度（青）である．このゲート色も遠景としてとらえるならばさしつかえないが，視距離が 100 m 以内の中景とするならば水辺景観を阻害することが著しい．このゲート色の根底には，現代建築で大流行のポスト・モダニズム，とくにハイテク・アーキテクチュアの色彩の影響があると思われる．ハイテク・モダニズムは無機質な材質より成り立つウォーターフロントには適用が可能である．

いずれにしても，メタルに樹脂塗料は発色がきわめて鮮烈なので注意を要する．

[注63] 各種の色の効果：Maxwell disc effect → 灰色（光線の場合，明るくなる，例 TV）
[注64] 土木学会編，技報堂出版刊，1988 年，口絵

11章　街路景観

11.1　街路景観の要素

　都市には，ビジネス街，商店，飲食店街，公共・文化施設，住宅などがあって，それらに対応してさまざまな街路があり，都市の顔がある．そして，そこにも気候，風土，歴史上からの特性が加わる．とくに戦後の建築ラッシュ，活発な都市開発はこれまでの日本の街を著しく変貌させた．また，最近は現代建築の浸透，ハイテク化や金融国際化にともなうインテリジェント・ビルの建設，共同住宅などの高層化が進み，さらに駅前周辺の都市再開発が進められたことなどもあって，都市の景観は激変した．

　1991年頃からはバブル経済崩壊による停滞が続いているが，これが幸いしてか，このところ急速に街並みの美化が見られるようになった．地方ではコミュニティによる活性化に意欲をそそぎ，街並みの一新が見られるようになってきた．

　以下に，街路景観についてあり方，問題点について考察してみる．

11.1.1　街路の規模と景観

　道路幅が十分ありながら，狭隘感をもつことがある．これは道路両側の平均ビル高Hと道路幅Bとの比H/B[注65]によって説明ができる．すなわち，H/B値が大ならば狭隘感を生む．反対にこの値が小ならば，道路幅は広く感じる．このことから，狭隘感を除くにはビル高さを規制するか，セットバックを行えばよい．

　また，ビル高層化にともなう日陰は道路を暗くし，狭隘感を与える（**1.9.4** 参照）．

　道路が狭隘感をもつとき，歩道に工夫を凝らし，道路幅のゆとり，落ち着いた色調，植栽，柵，ベンチ，街路灯などに配慮すれば，人に"やすらぎ"と"くつろぎ"を感じさせるような景観が得られる．広告看板は規制を要する．

　東京，原宿の表参道は好例であり，快適で，木立は高く透視空間がある．

11.1.2　近距離空間の景観

　街並みの景観に先立って，足下の歩道の景観について考えてみよう．

　歩道における条件としては，まず路面のことが考えられる．快適な路面の条件は，路面からの乱反射のないことである．つや消しカラータイル舗装が好ましい．これは工費はかさむが是非とも実施して欲しいものである．**1.4.6** で述べたように，白や極端に明るすぎる路面は落ち着かない．しかし，白御影の石畳は"ザラザラ"の感触が快く，年を経て暗灰色に変質

[注65] H/Bについては，たとえば『街路の景観設計』（土木学会編，技報堂出版刊，1985年，pp.33-57）などが参考になる．

するので許容される.

　次に考えたいことは，街路灯，歩道柵，電話ボックス，ベンチなどの色調である．一般的にはダークぎみの色調がよい．落ち着きがある．たとえば暗緑色，ブラウンなどであり，横浜の馬車道がその実例である．歩道はブリック調の舗装，街灯などその他すべてのものが濃緑色（ダークヴィリジャン色）である．大規模な例としては東京・銀座通りがある．ここでは，歩道は敷石（往年の路面電車の大判敷石より），街灯・信号標識はダークブラウン（図11.1），さらに交番，トイレ[注66]にいたるまで行き届いた配慮が見られる．そのほか，植栽も交通標示板のため剪定（切り込み，dental work）が施されている.

　そのほか，街角のスペースの確保も肝要である．

図11.1　デザインの統一．東京・銀座の街路灯，信号機

図11.2　銀座1丁目の交番．この位置には往時京橋があった．1875年（明治8）京橋の親柱の擬宝珠を石造（図の植栽に記念碑的に残した）とした．さらに1922年（大正11）11月京橋を改築の折り，親柱のデザインをこの交番の屋根の形とした．街路景観尊重の意図より，1922年の親柱を交番の屋根に活用した

注66)　トイレ：交番裏側に図11.2の絵のように改良した.

商店街入口のゲートは商業文化が先行しやすいので,注意を要する.

11.1.3 全体的空間の考察例

商店街の家並みで見られる広告看板の乱立は,1,2階よりも3階以上を規制すると街並み全体としての落ち着きが確保できる.

一例として1988年当時の甲府市朝日町通り商店街の色彩[注67)]をとり上げる.

図11.3は商店街の色彩を整理したものであるが,商店街の色彩の「考察」として,学生は商店街の色彩を全体としてとらえていた.しかし,それでは"色の氾濫"となる.著者は図(b)のⅠとⅡに区分し,次のように解説した.

1. 全体として論じると「図(b)の全体」のように多色画(ポリクロミー polychromy)であり,"色の氾濫"である(学生の考察).
2. これをⅠ(1,2階)とⅡ(3階以上)に区分して整理すると,Ⅱは寒色系灰色で面積大であった.

ⅠとⅡに分けて比較することにより,商店街色彩は景観上,支障がないという説明がつく(著者の指摘).ポリクロミー景観についてはこのことを心得ておくとよい.

この仕分けは,女性の服装,ブラウスとスカートの対比と似通うものがある.

上の考察に関連したものとして,東京,武蔵境駅前商店街の例がある.同市は「街づくり協定」(1986年7月)の中で,「建物の1階には極力,飲食,物販,サービス店などを配置し,事務所住居は2階以上にする」とする項目を設けており,注目したい.

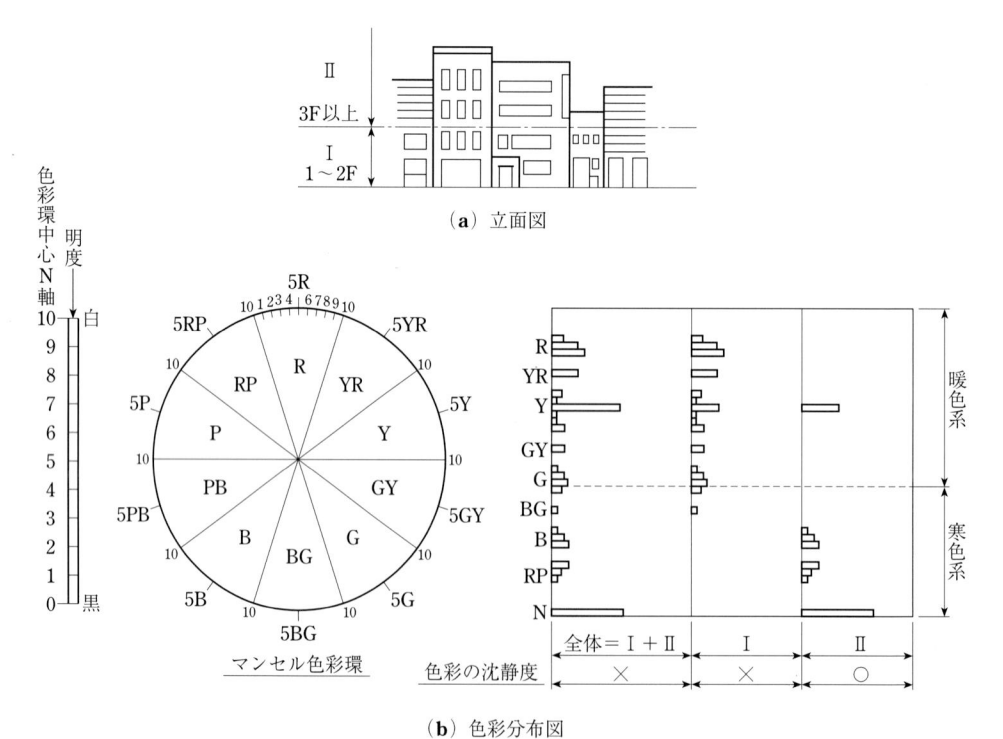

図11.3 商店街の色彩分析

注67) 斑目:「商店街の色彩に関する研究」1988年山梨大学工学部環境整備工学科卒業論文

11.1.4 街路景観修景と色彩

街路構成要素をとりあげて景観修景上のあり方について概説する.

1) 電話ボックス,街路灯:暗緑色,黒,コーヒーブラウン.
   最近,レトロ調デザインが建築などとの関連で流行している.街路灯の色調は木立を感じさせる意図があってもよい.
   電話ボックス:横浜,馬車道ではダークヴィリジャン(濃緑色).東京有楽町の劇場街ではローズ色.これは特例だが夜目にもわかる.
2) 信号標識(図11.1):東京銀座では街路灯と同じタイプとしている(デザインの統一).
3) 植栽柵:黄土色(昔からの半円形竹を感じさせる),モスグリーン,ヴィリジャン.
4) ガードレールの白:白は廃止したい.景観を損ねる.モスグリーン,グリーン,灰色が望ましい.
5) 交番,トイレ(図11.2):東京銀座,京橋のように街路景観重視のデザインである.
6) 歩道上の小道具の無統一:デザインの危険.ベンチ,時計,郵便ポストなど.
7) 広告看板の規制:看板は1,2階までとする.とくに巨大な赤い看板をオフィスビルの窓ガラスいっぱいに掲げることは危険である.(京都市都市計画局が規制をした)
8) 自動販売機の色:最近は概して色調が白系になったが,中には景観を阻害するものある.(京都市「屋外広告規制条件」が注意を喚起した)
9) ガソリンスタンド,派手な壁面の色:京都市で自動販売機と同様,注意を喚起した.
10) 歩道の部分拡幅:セットバック方式(図11.4)

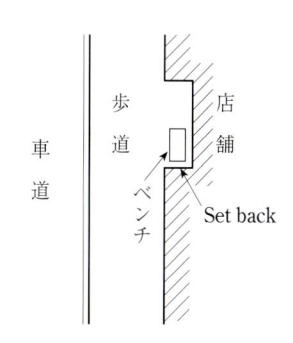

図11.4 セットバック

図11.5 歩道の植栽.八王子市・甲州街道

120　3編　景観，色彩計画の具体例

図 11.6 a　歩道の舗装（日野市旭が丘通り）

11) 歩道のタイル舗装：ベージュ，ブリック調，薄緑白，灰のアレンジ．ベージュ（図11.5）は八王子市の甲州街道の例で，植栽側壁の色とセットしている．薄緑と白，灰のアレンジ（図11.6）は東京日野市の街路の例である．
12) 彫刻のアレンジ：オープンス・ペースを用意すること．街角，橋詰．

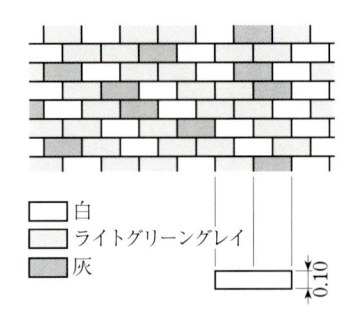

□ 白
□ ライトグリーングレイ
□ 灰

図 11.6 b　ブロック配置（日野市旭が丘通り）

11.1.5　緑視率と緑被率

心にやすらぎを与えるものの一つに緑の木立がある．緑は景観上における重要な要素である．

(1) 緑視率

街路景観における緑は，建物，道路標識，広告看板などいろいろな喧噪感をやわらげる効果がある．ここで，視点場からの視対象場に対する景観を一つの画面とするとき，この画面における緑の分量を緑視率という．一つの画面に対する水平角度は60°ぐらいとして扱えばよいだろう．ここで考えられることは，近景に大木が立ちはだからないことである．これは透視空間が得られないからである．近景に低めの植栽，バックに高めの木立をあしらえば緑の効果は大きい．一例として，東京都日野市の緑視率は1993年（平成5）11月現在で平均32.6％とのことである．

(2) 緑被率

平面上で緑被地が占める割合を緑被率といい，環境省の「緑の国勢調査」等により公表されている．緑被率は景観とは直接関係しないが，緑化計画の場合に利用される．

緑被地には樹林，草地，農地，水辺の湿原などがあり，その質は多様である．緑被率30％といっても雑木によるものなのか，大木によるものなのかは判別はできない．したがって，緑被率は緑視率と併用して考察しなければならない．

(3) 冬木立

"緑"のみでなく、晩秋の"銀杏(いちょう)"の紅葉、また初冬の木立も捨てがたい。

たとえば、多摩・武蔵野御陵（八王子市）へ向かう甲州街道参道の銀杏並木の黄葉は快いし、緯度の高いパリ（北緯49°）シャンゼリゼの冬木立が落とす淡い影は哀愁を誘う。

11.2 住宅, ビルなどの街路景観

11.2.1 住宅と景観

1991年からのバブル経済崩壊といっても都心の地価は高い。そのためもあって近年、首都圏では宅地造成や住宅空間を重視する動きが見られる。これは、建築自体の優雅さを進展させたことが住宅団地、生活空間に波及しているからであり、住宅も門扉なしで街路空間が住宅の庭園に連絡していたり、門を山形鳥居の形としている例などがある。

一方、住宅自身も、従来はアメリカ西海岸風の陸屋根、また木造下見板建築であったものが、最近はドイツ風（木枠式）に変わってきた。ドイツ風は軒先がなく、屋根勾配は急である。色彩については、壁面は白、スカイブルー、ベージュと軽快な色調を基調にしている。屋根色は壁面とのツートーン調に、比較的ダークな灰色系（明度4～5）のものが増加してきた。また、建物壁面に凹凸が見られ、窓も出窓となり、これが街路景観に趣を添えている。

11.2.2 オフィスビルと景観

街路景観重視の傾向はオフィスビルの前庭に見ることができる。その例として、近年になってビル・ファサード（正面）の入口に設けた吹き抜けのスペースに、植栽、中庭（court）、や大規模なアトリウム（atrium）[注68]を設けた例があり、心のやすらぎとなっている。さらに、ビル間に小川のせせらぎを配置したり、あるいはエントランス・ホールに池やベンチを設置した例なども、この延長といえる。また、オフィスビル壁面にセットバック方式をとり入れた壁面の凹凸など、ゆとりのスペースを配慮したものも見られ、街路景観重視の現れといえる。従来の近代建築には垂直な壁面が立ちあがっており、壁面から受ける圧迫感があったが、このような工夫によってその弊害が是正されている。

以上のものにはいずれも周辺環境に調和した設計思想がうかがえ、くつろぎの景観をつくりだしている。具体例をいくつか示す。

1. ビル間の小川のせせらぎ。東京・日本橋の高島屋デパートの前のビルで見かけたが、これに接して街路景観とは主観的にはくつろぎであるという思いがした。
2. 大阪南口前の桜橋地下街のアトリウム（「ディアモール」（Diamor）と呼んでいる）は地下2階から地上まで吹き抜けで、地上にはガラスの天蓋がある。ディアモール地下2階の広々とした通路、レトロ調ギリシャ建築の円柱の並列が偉観である。
3. 東京・有楽町駅前の東京国際フォーラム（旧都庁跡地）のアトリウム。吹き抜けの高さは60 mある。
4. ビル・ファサードのエントランス・ホールの池、ベンチ、照明灯の配置。神戸市オリエンタル劇場内ホテルの例であるが、モールを建物内にも延長している。

[注68] アトリウム：古代ローマ時代の住宅の玄関部に設けられた中庭付き広間。

5. ビル間にガラスドームを配し，プロムナード提供など，くつろぎの場に寄与している例．

11.2.3　地下道入口・バス停の屋根

　最近，地下道入口に屋根が設けられるようになった．温かい心遣いである．また，バス停にもしゃれたデザインの屋根が取り付けられた．地下道，バス停ともコーヒーブラウンと透明ガラスで気品がある．

図 11.7 a　軽快な屋根（桜木町バス停）

（雨樋を兼ねた柱）

図 11.7 b　平塚駅前道路（旧東海道）とバス停

11.3　歩道とくつろぎの場

　くつろぎの場に対する欲求により生活空間に"遊び"を取り入れたり，それぞれの工夫が見られるようになっている．

11.3.1　歩道の拡幅と車道

　計画の最初から導入された歩道として札幌の大通公園のそれがある．また，横浜・伊勢佐木町も小スケールであるが散策道として楽しめる．

　既存街路の改修を見ると，図 11.8 のように歩道と車道がジグザグとなっている．歩道の凸部にベンチ，植栽，歩道幅も十分とり，ゆとりを感じる．車道には凹部

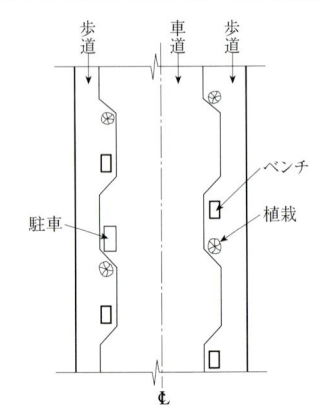

図 11.8　既存街路の改修例．平塚駅前商店街（旧東海道）

を配し，駐車スペースとしている．また，前出図 11.4 は東京・神田神保町の例であり，セットバックにより店舗（書店）がスペースを提供し，ベンチを配している．

東京・武蔵境駅前商店街では歩道の拡幅を義務づけしている（「新・増築の際は建物をセットバックさせること．色調を統一すること」）．

11.3.2 舗装と色彩

近年，歩道にブリックを敷き詰めたものが増えてきた．やすらぎを与えて快い．概して舗装はダークの方が落ち着く．しかし，図 11.9 のように植栽に鉢植式側壁があり，この側壁がブリックの場合は，歩道の舗装も明るいブリックにした方がコントラストの点から望ましい．ここで留意したいことは同一色の連続としないことである．果てしなく続くイメージは疲れる．ブリック調でも明・暗の 2, 3 色をとり入れるとよい．

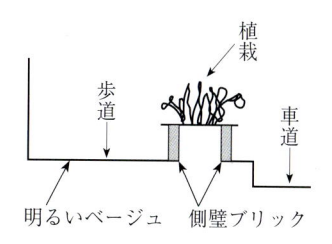

図 11.9 植栽と歩道のバランス（八王子市・甲州街道，図 11.5 参照）

（1） 横浜馬車道の場合

図 11.10 のように，ブリック調歩道に白の横線が入り，疲れない工夫がある．

（2） 車道が東西線，幅員 4 車線の商店街の場合

図 11.11 のように車道が 4 車線で，比較的広いところでも，軸線が東西線で，南側にビル建築が立っている場合の道路は暗く感じる．

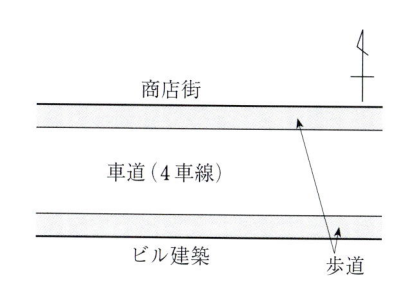

図 11.11 日野市旭が丘通り

図 11.10 横浜馬車道・赤レンガの歩道

このような場合，歩道は明るい舗装にするとよい．名の知れている街路ではないが，好例として日野市の通称旭が丘通りがある（図 11.6 参照）．ここの歩道の舗装は図 11.6b のようにコンクリート・ブロック敷き[注69]で，白，ライトグリーングレイ，灰のブロックをまだら

[注69] 歩道幅＝縁石＋ブロック 11～14 個＋建物のゆとり幅 0.05＝2.40～3.00m
　　　ブロック 11 個＝灰緑 6 個＋灰・白 5 個の並びである．

配置している．その色調は薄灰緑が基調色で，それに白，ライトグレイの2つの色がまだらに混じっており，全体に緑系から受ける柔らかい感じが快適である．白とライトグレイの存在も単調さを補っている．

(3) 歩道，柵，街路樹，ガードレール

旭が丘通りの歩道は1997年3月に改装されたものであるが，このとき柵もあわせて立て替えられた．従来のものはコンクリート歩道，グリーンのガードレール，街路樹であった．今回の改装によりガードレールは四つ角にのみに設置して車道沿いはすべて撤去し，歩道柵にした．柵はパイプ製で，図11.13のような東京都のシンボル，銀杏の葉を図柄にとり入れており，心温まるものである．色調はダークヴィリジャン（濃緑色）で，歩道とのコントラストがよい．

ガードレールについては，以前は白だったが，1989年の頃よりライトグリーン（浅緑）色に変わり，今回の歩道改装で撤去された．だだし，四つ角にそのなごりをとどめている．

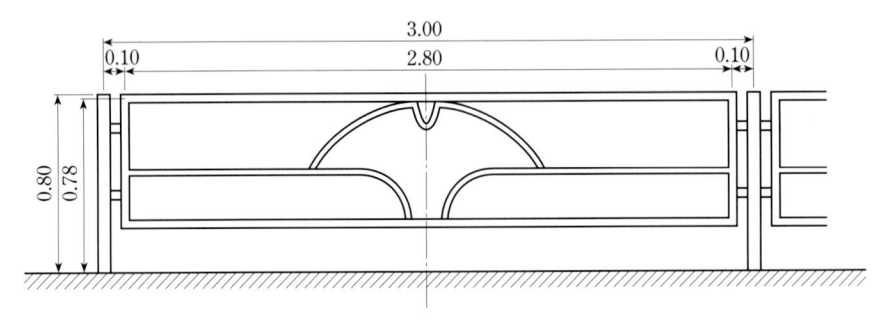

図11.13 歩道防護柵（日野市旭が丘通り）

11.3.3 彫刻，街路樹

街角，三差路隅角部のスペースに彫刻，モニュメント，時計台など，とりどりに配置しているが，さらに植栽があるとくつろぎが感じられる（平塚駅前の四つ角，八王子駅前の四つ角）．一方，押しつけがましい商業文化の街角はどうにも救われない（八王子駅前放射線の角）．

また，彫刻，置物もシンプルなものがよい．そのほか，ベンチを置く場合もカラフルにならないよう留意したい（JR横浜駅西口・高島屋前の彫刻，ベンチ）．

街路樹は歩道幅を勘案したうえで選定すべきである．剪定により切り刻まれた樹木を見るのは痛ましい．最近の街路樹は管理が簡単で，しかも樹形の整った木が望まれている．全国の都市で躍進の著しい樹種はイチョウ，トウカエデ（葉が小さく紅葉が美しい），ケヤキ，クスノキ，カイズカイブキ（常緑樹）などである．地域にマッチした常緑樹が増えている．そのほか，ハナミズキ（4月上旬に開花，秋は紅葉）も好まれている．街路樹計画の実践は豊橋市のそれに見るべきものがある．

11.4 街並みづくり

大都市における大規模再開発・整備事業，また中小都市における地域活性化を目指す「まちづくり」は，平成の時代に入って全国的に活発な展開をみせている．「まちづくり」は「心

の豊かさ」を求めて「水と緑と都市」をテーマにしたものから，既成市街地の再生をめざすものなど，多種多様である．ここでは，このうちの「街並みづくり」について考えてみたい．

11.4.1 「街並み環境整備事業」

住民による景観づくりや環境整備に対して，建設省（現国土交通省）が補助金を出して支援しようという事業で，1993年度（平成5）の創設である．

建設省は，それまでも地方自治体の生活道路の拡充や公園の建設，緑地づくりなどに対する補助を行っていたが，この事業では「住民同士で街並みの計画づくりをしたり，屋根や壁を統一したりする」ことも補助対象としたことが特徴である．事業対象としては，区域面積が1ha以上の地区で，下記のうちいずれか該当するものとしている．

1. 幅4m以上の道路に接していない住宅が70％以上
2. 幅6m以上の道路が25％以下で，公園・緑地の面積が3％未満
3. 市町村の条例などで「景観形成をはかるべきだ」とされている地区

ただし，住民の2/3が合意すること，統一した「街づくり協定」を結ぶことが条件である．この事業が，主に狭隘な密集地を対象として想定していることがわかる．

11.4.2 住民同士で街並みの計画づくり

街並み環境整理事業では「住民同士で街並みの計画づくり，屋根や壁を統一する」とあるが，これの実施についてはどうあるべきかを列挙する．

1. 街並みの計画づくりについては，11.1節に述べた街路景観についてチェックして欲しい．基本的には商業主義文化にとらわれないことが肝要である．とくに広告看板をはじめ色の氾濫とならないように注意すること．繁華街など特定の地区は許容されるが，3階以上には無彩色で整理するとよい．
2. 街路における幅員については"遊び"のスペース，あるいはセットバックによる十分な拡幅をはかること．
3. 街路における小道具——すなわち，街路灯，電話ボックス，植栽柵，その他施設については秩序性を確保する．
4. 歩道の舗装タイルはブリック色を基調とする．
5. 植栽については透視空間尊重の思想をもつこと．とくに門扉に工夫する，など．

以上は基本的なもので，個々については気候，風土，日照の時間を勘案のうえ，アイデンティティを心がけることが必要となる．

11.4.3 屋根，壁の色彩の統一，白の壁

宅地開発，ニュータウンなど新規開発地区では，近年アメニティを考慮し，落ち着きを醸成することに留意している．概して，屋根はダークグレイ，壁はホワイトが主流である．このコントラストが，デザインにも勾配のある屋根，生け垣の柵，あるいは植栽を配することを要求している．この場合，住宅地道路も十分な広がりをもつ歩道，車道と，植樹のアレンジなどで街並み全体の景観を保つことが望ましい．

さて，ここで壁の白について吟味してみたい．

わが国でも江戸時代から白の壁があった．たとえば，土蔵の白壁や，土蔵様式の商家の家

並み（たとえば川越市）である．土蔵の白壁は少し前まで農村でふつうに見られたものであり，白壁の点在する農村風景には思わず見とれたものである．白壁が景観上好感のもてることについては，デザイン上の配慮があることに気づく．それは，土蔵の場合は，屋根の黒，腰巻の黒との対比がある．さらに切妻様式の屋根は破風による陰がある．白壁は切妻屋根，白壁に柱，梁のダークな色調，軒による陰など，白と黒の対比が見事である．欲をいえば，常緑樹のアレンジがあればいっそうよい．

現代のわが国のニュータウンなどでも白壁をほとんどといってよいくらい採用している．ニュータウンにおける住宅は，ダークな勾配のある屋根とその陰が白壁とのコントラストをなしており，さらに植栽，あるいは街路樹との取り合わせでいっそう引き立っている．

ヨーロッパ，たとえばギリシャなどアテネからコリントへの街道では，ほとんどの家が白壁とオレンジタイルの屋根で統一されており，さらに糸杉のアレンジもあり見事である．また，ドイツの古都では，一般的に壁色が経年とともにライトブラウン系となって落ち着いている．屋根については，わが国の農村や住宅地では赤，青，とりどりのものを見かけるが，感心できない．赤と青の対比は色彩対比では不協和音である．絵画構成上では絵画上の妙味として，この不協和音を採用することもあるが，屋根についてはいただけない．美しい街並みを確立するためには，とにかく色の統一を図らなくてはならない．

11.5 都市の考察

1990年代に入って，バブル経済崩壊，巨大開発（東京臨海副都心，関西新空港りんくうタウンなど）の見直しなどがあったが，高度情報化，国際化の波はいっそう活発となっていることは疑いのないところである．このような社会構造の変遷は都市再開発・整備事業計画の進展と共振しつつ，往時の都市の面影を様変わりさせている．その中で，時代の風を受けてか"心の豊かさ"を求める風潮はいっそう強調されるようになった．

"心の豊かさ"対策については次のようなことが考えられる．

1. 歴史建物と現代建築の共存，改築
2. 都市道路のあり方
3. 一般広場，道広場，教会広場，公園
4. 社会道徳と公共構造物
5. 水と緑と都市

11.5.1 歴史建物

ヨーロッパの都市の街並みには教会をはじめとして歴史があり，石の文化がある．数百年の間変わらない重みのある景観には崇高さと安らぎを感じる．戦禍の激しかったポーランドなどでは都市は廃墟となったが，見事に復興し，昔の姿を再現している．そこに歴史都市としての風格がある．

一方わが国の場合は，木造の街並みであり，さらに震災，戦禍があって変貌してきた．ここにわが国の都市景観の特殊性があるが，都市の歴史性を醸し出す努力が必要である．

パリには一戸建住宅は極端に少なく，集合住宅（アパルトマン）が大多数である．19世紀

末の建築の16区地区[注70]（凱旋門南西，放射線道路沿い），3区のマレ地区にはヴォージュ広場を囲んで貴族の館が残るが，外観は往時のままだという．

わが国でも，東京駅（1914年，辰野金吾の設計）やその近くの日本工業クラブ（1920年）が外観は大正時代そのままとし，往時の面影を残し街路景観に寄与している．そのほか，横浜，神戸など大正時代の石造，レンガ建物がある．なお，神戸・山の手の風見鶏の洋風木造建物は大正時代のものである．

11.5.2 都市道路 —— 産業道路を避ける

産業道路は産業交通中心に利用される道路である．これは広い意味で人々の生活を成立させる基礎の一つであるのだが，身近な消費生活と直接には関係のない，無味乾燥な幹線道路として意識されがちである．幹線道路はその目的からして機能中心になり，都心部に入りむと生活環境を乱すことになる．それゆえ，この道路を直接の消費生活から切り離したり，さもなくば装いをもたせて，環境上違和感のないようにすることが望ましい．

パリを例にとると，エトワール凱旋門を中心に道路は放射線状に延びているが，都心を産業道路が通過していない．

東京では環状七号線などの産業道路や首都高速道路が，都市景観を無視して走行して景観を壊している．また，地方都市は宿場都市として発達し，街道は街中を走行している例が多いが，ここでも街路景観に対する配慮があまり見られない．

首都高速道路の場合，日本橋上の高速道路，隅田川左岸，赤坂辯慶橋付近（紀尾井町）の高速道路などは周囲景観との調和においてうまくいかなかった例である．しかし，首都高速道路の六本木や渋谷駅前の高架橋には街路景観配慮の意図がうかがえるようになった．そして地方都市でも，バイパス設置により交通渋滞はいくらか緩和されてきている．その例として旧東海道の平塚，甲州街道の八王子等をあげることができる．

11.5.3 教会広場

ヨーロッパ，とくにフランス，ドイツ，イタリアなどの教会広場は，人びとが集まり，出会い，くつろぐ場として存在する．建物の密集から解放される"場所"としての教会広場は，現代になってますます貴重な存在となっている．

ヨーロッパの都市において教会は街の要衝にあり歴史的な存在である．教会は信仰のよりどころとしての存在であるばかりでなく，コミュニティの中心として親しみをもたれ，息づいている．このように教会は街の核を占める点で，わが国の神社仏閣とは大きく相違している．教会広場は空間的に街路の結節点にあり街路の一部と見なせるが，神社仏閣は街の周辺にあり，そこは境内であり，杜であり，街路から隔離された空間である．

11.5.4 公園，広場，モール

都市空間における"くつろぎの場"として，公園，広場，モールなどがある．

公園の発祥はヨーロッパであり，わが国では明治になって西欧なみの公園がとりいれられ

[注70] 16区：上流階級の人々の住む地区．この西側にブローニュの森，アール・ヌーボーの代表建築家ギマール設計の建物ベランジェ館（1888年）がある．

た[注71]．ロンドン，パリの公園のルーツは貴族の狩猟場であった．たとえばパリ西郊外のブローニュの森，東郊外のバンセンヌの森などである．また，6区のリュクサンブール宮殿の跡が公園になったというように，宮殿跡地に起源をもつものも多い（リュクサンブール公園にある「自由の女神」は同じものがニューヨーク市に寄贈され米国の象徴となっている）．したがって概して広大な公園となっている．

西欧とわが国大都市における公園の広さを比べると，1987年調べで，東京（23区）では1人当たり $2.3\,m^2$，大阪 $2.9\,m^2$．名古屋 $4.9\,m^2$，欧米ではパリ $12.2\,m^2$，ロンドン $30.4\,m^2$，ボン $37.4\,m^2$，ニューヨーク $19.2\,m^2$ である．

広場については西欧では教会広場の存在が大きい．また，パリのように治安の面から放射線の中心に広場を設けた例もある．パリの場合には，イタリア戦争（1494-1559）を通してフィレンツェ，ローマ，ミラノ等からルネサンス様式が導入された経緯があり，それをふまえて宮殿広場の構想が考えられた．コンコルド広場（ルイ15世時代），ヴォージュ広場（ルイ

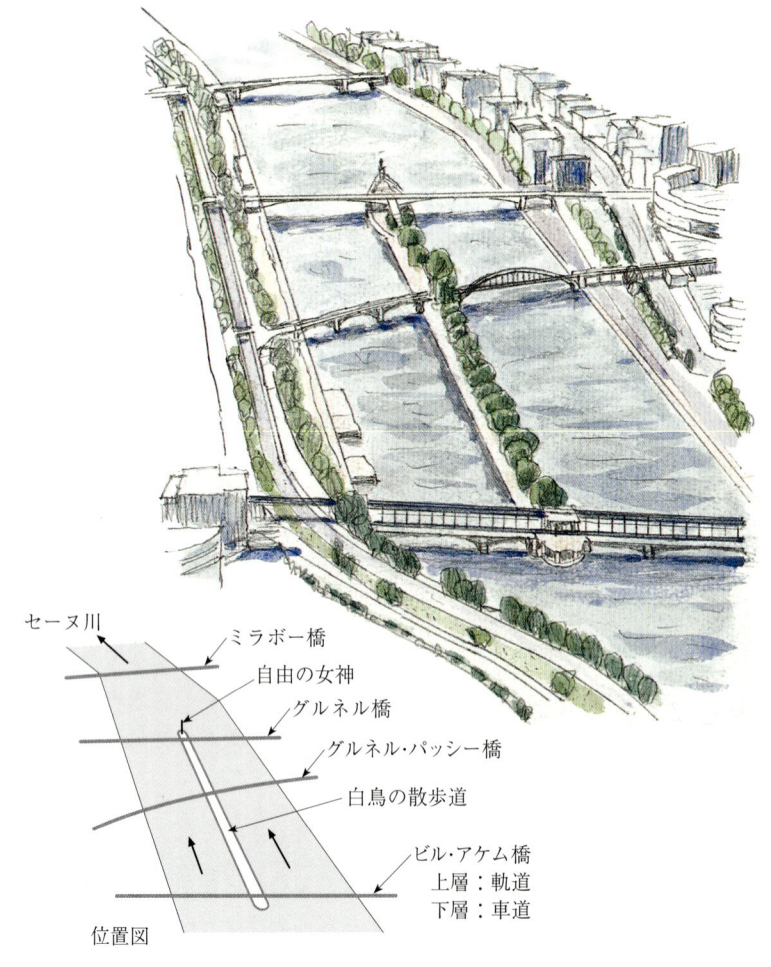

図11.14 パリ・セーヌ川の白鳥の散歩道

[注71] 江戸時代には松平定信（1758-1829）が造った南湖（福島県白川の関近く）が唯一の公園．

14世当時，貴族の館に囲まれたロワイヤル広場があったが，後にヴォージュ広場と改称された）などがそれであるが，これらの広場は街路景観に寄与している．とくにコンコルド広場では建物の存在を引き立てている．わが国では東京駅から宮城に通じる街路と宮城前広場が代表的といえよう．しかし，わが国では歴史的に城下町という概念に広場の必要性はなかったと考えられる．

　a）広場における塔：パリにおけるコンコルド広場，ヴァンドーム広場，バスチーユ広場の中央に立つ塔はモニュメントとして圧巻である．塔が広場景観の焦点となっており，広場をひきしめている．

　b）道広場：わが国では公園，広場不足の一助として大通り公園が造成された．横浜，関内の大通り公園，札幌の大通り公園がある．そのほかに，横浜では伊勢佐木町モール，北海道旭川の買い物公園モールなどがある．

　パリの道広場について付言しておきたい．パリの住所は日本の"丁目"表示と異なり"通り"で表示し，道の両側の住所区画が同じブロックになる．ひとまとまりの居住地の中に街路をとり込んだ道広場の感覚がある．一例をあげれば，

- avenne（アベニュ）：並木通（シャンゼリゼ並木通り）
- boulevard（ブールバール）：bdと略す．大通り（サン・ミッシェル大通り：シテ島を貫く南北線）
- rue（リュ）：通り，街（リヴォリ街：コンコルド広場からセーヌ河に平行し東の市庁舎へ，さらにバスチーユ広場，東西線）
- quai（カイ）：川岸通り（オルセー通り：セーヌ河左岸沿い，オルセー美術館前）

ちなみに，ロンドンでは道広場は17世紀以降（宗教革命）に行われた都市整備とともに整備が進んだ．道の四つ角にスクエア，サーカス広場がある（例：ピカデリー・サーカス）．

11.5.5　社会道徳と都市の構成

　都市は共同で営むという思想がある．公共性の感覚である．この公共性が都市美につながる．公共性のルーツについて考えたみたい．

　西欧のように大陸に発達した都市は内陸という立地条件のため，防衛のための城壁—市壁が構築された．これは島国イギリスでも同じで，ロンドンには新旧の市壁がある．

　この城郭に守られた都市の中に住む市民は一蓮托生の精神を培い，共同体としての行動をとる．パリを例にとると，ブルボン王朝の初代アンリ4世（位1589-1610）は，セーヌ河・シテ島に架かる連続アーチ橋ポン・ヌフを1604年に建設して，早くから都市計画に取り組んだ．これによってパリにおける都市の骨格ができ，都市美につながった．また，コンコルド広場は，ルイ15世広場と呼ばれていたようにルイ15世（位1715-1774）の創設である．さらに，帝政時代のナポレオン3世（位1852-1870）が1852年に即位すると，現在のパリ交通網が完成された．パリにおける防衛性とともに秩序性，統一性が徐々に確立されたことを示している．

　ひるがえって島国日本にはこの公共性感覚がない．東京はどうか．江戸から東京への遷都が1868年であり，江戸時代の名残の武士階級の山の手と江戸市民の下町（長屋屋敷）に仕分けされ育ってきた．その後は明治，大正，昭和へと無秩序に増築され，戦後へと連なった．

現在の東京では，名橋日本橋の上に高速道路を通すなどは交通優先の思想といえる．近年は"心の豊かさ"が重視され，面目も一新されるようになりつつある．しかし，秩序性，統一性に欠ける．わが国にあっても，西欧と同じように公共性，社会性の道徳観念をもち，コミュニティ・アイデンティティを育んで欲しいものである．

11.5.6 河川のくつろぎ —— 都市河川と都心部河川

都市生活における"くつろぎ"を創出するためには，広場，公園，街路樹の緑などがあり，それに歩道におけるベンチ，車走行の規制，オープン・スペース，デザインと色彩の秩序性などいろいろ考えられるが，何よりも欲しいものは水辺および清冽な川の流れである．都市における河川としては隅田川のような都市河川，日本橋川や神田川のような都心部河川がある．

都市河川の大きな特徴は高水敷があることである．隅田川についていえば橋梁景観と橋梁上からの眺望，出会いの場，また，沿岸における緩傾斜護岸と遊歩道との取り合わせがある（図 6.25 参照）．隅田川の箱崎ウォーターフロント（永代橋と隅田大橋の間，右岸，図 6.29）には，ベンチ，あずまや，それと低水路に対する手摺，蛇行状のウォーターフロント階段などの配慮がある．これらについては 9.3.3，10.4 節に述べた．

都心部河川は水位の変動が小さいので両岸の植栽（神田川）など川沿いの散策に誘う配慮が可能である．また，橋には高欄に伝統風土をとり入れるなど趣向を凝らす（たとえば，高欄に種々の図柄，また音響木琴効果の採用）．そのほか，色彩にはダークブラウン系が多いが，ラベンダーのようなものも見かける．そして，川幅よりも橋幅の方が広いものもある．

11.5.7 高齢者・障害者対策 —— バリア・フリー

お年寄りや障害者が不自由なく日常生活を送るように障害を取り除く研究開発が，近年活発になってきた．これが住宅設計や都市計画などの分野でも進んでいる．ここでは，街路に関係するバリア・フリー（barrier free）のデザイン，色彩について考える．

図 11.15 歩道橋の緩傾斜の通路

街路では，①歩道の段差，②駅の階段，③斜路，④歩道橋の中央斜路，などの設計に配慮を要する．

(1) 階段（図 11.15）

6.3 (9) に述べたように，日本橋橋詰にバルコニーが 1991 年 5 月新設されたが，歩道よりバルコニーに降りる階段にバリア・フリーの配慮があった（図 6.31 参照）．測定してみると図 11.16 に示すように踏面 37 cm＋蹴上 12 cm＝49 cm で理想的な設計である．一方，地下鉄階段は踏面 37 cm＋蹴上 16 cm＝53 cm で，蹴上はやや高かった．日本橋，地下鉄ともつや消し白御影石で安全かつ落ち着きがあった．ただし，建築基準法（昭和 25 年制定）には公共用階段は「踏面 26 cm 以上，蹴上 18 cm 以下」とある．

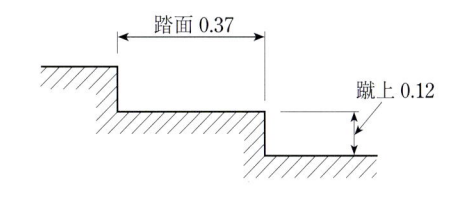

図 11.16 日本橋橋詰の階段の段差

(2) 斜路

横浜 MM21・インターコンチネンタルホテル前（図11.17）の斜路をとりあげる．斜路の床はつや消し（青灰色）のブロック．手摺はもちろん足もとの照明，途中の踊り場，壁はアズキ色系グレー．側面は図示のとおり，中間の凹部に見事なデザインがなされている．デザインと安全対策に申し分のない好例である．

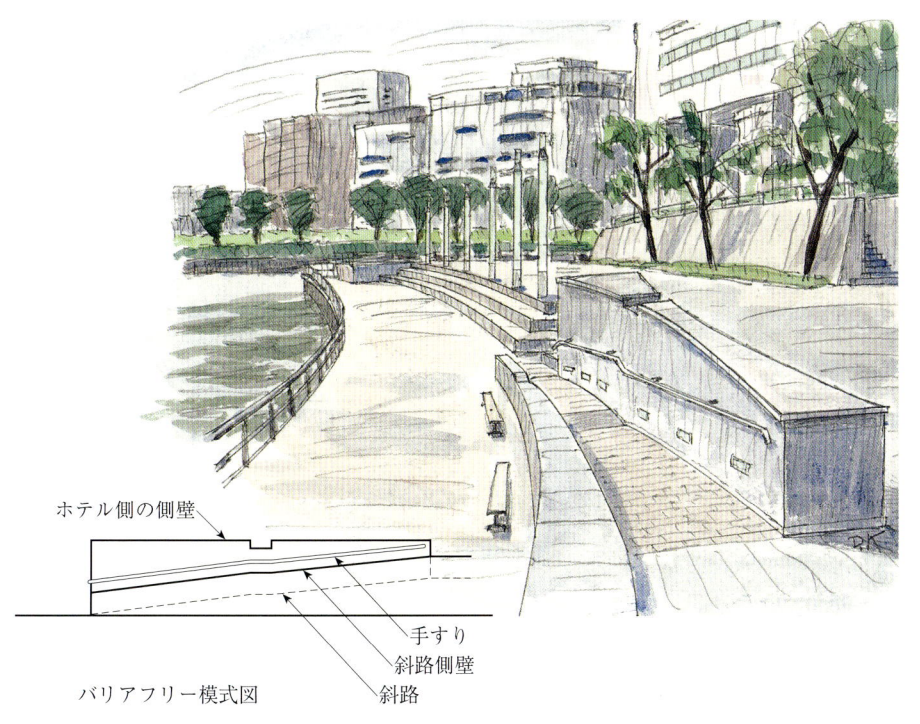

図 11.17 横浜 MM21・インターコンチネンタルホテル前の斜路

11.5.8 商業主義文化・現代建築の進出と対策 —— 安全性，快適性

わが国の主要都市には明治以降のヨーロッパ文化流入の痕が顕著に見られる．東京に例をとると，1914年（大正3）の東京駅，駅を軸に周辺に東京銀行倶楽部（1916年），日本工業倶楽部（1920年）などルネサンス様式の建物がある．東京以外の他の諸都市，たとえば大阪，横浜，神戸，小樽などの都市にも，その時代の経済的基盤のもとに開港としての歴史がある．都市はこのような文化遺産をコミュニティ・アイデンティティ（community identity）として大切にしなければならない．

しかし，現状は商業主義文化の進出や，世界的に普及してきた現代建築が個性豊かに流行し，都市の顔を塗りかえようとしている．また，交通の輻輳化，都市再開発の手も延びて，ややもすると都市を画一化する傾向が見られる．

都市には古いもの，新しいものがあってよい．東京区部を例にとると，下町と山の手，ビジネス街，商店街，文教区，住宅街などはそれぞれが仕分けられていなければならないし，概して仕分けられている．そして，往時からの下町にはアナーキーがあり，生活空間を楽しむ風情が残っている．下町は無秩序ではあるが，隣組意識があり，まとまっている．ただし，安全性，利便性，快適性の整備には留意する必要がある．往時からの都市にはこれらについて欠陥がある．

要するに，経済性重視から脱却し，快適な空間を創出しなければならないということである．これには企業のフィランスロピィ（philanthropy，慈善行為）とメセナ（mecenat フランス語，芸術文化の支援）に期待するのも一つの考えではある．

11.6 駅前広場

都市にはそれぞれの顔がある．

わが国の場合，列島を縦断する幹線をはじめ，重要路線の鉄道開設が明治時代の早くから行われたことにより，都市間を結ぶ鉄道が都市の発達をうながした．したがって駅前広場がその街の表玄関として親しまれてきた．

西欧の鉄道はどうか．蒸気機関発祥の地，イギリスは産業革命で1842年世界初の鉄道旅客輸送（グラスゴ～エディンバラ間）が始まるが，運河が発達していたために，輸送の鉄道への偏重ということはなかった．また，フランスはわが国と同じころの開設であるが，鉄道が都市の発達をもたらしたというよりも，地方からの物資輸送（モンパルナス駅）や，地方からの都市集中（リヨン駅，オステルリッツ駅，エスト駅，サンラザール駅）を受け持ち，駅も終着駅という形をとり，都市内には入ってこなかった．このため，パリには中央駅がない．したがって，西欧では駅前が街の中心を形成することは少なく，寺院，教会を街の中心としてきた経緯がある．

以下では駅前広場における環境と景観について検討してみよう．

11.6.1 中規模駅前広場 —— 八王子駅北口の例

八王子駅は従来から広大な駅前広場があったが，駅ビル開設で整備された．北口は，広大な広場，駅ビル（デパート），広場を囲むオフィス・ビルが全体を構成するので，これらによ

り一部の商店ビル，看板などによる街の喧噪は吸収された．また，広場中央の植栽はくつろぎを与えるし，バス停の屋根は駅ビル正面右側に整理されている．

駅ビル（デパート）の正面は2階まで茶系御影，3階以上が白のツートーン調で，窓を抑制し，全体としてさわやかである．

11.6.2 駅前広場の色彩

近年は駅ビルの進出が著しい．また，通勤・通学のラッシュ，これと関連するバス停の林立，しかも商店ビルの広告看板が喧噪に拍車をかけている．

このような環境では，落ち着きを取り戻すための措置が講じられなければならない．対策としては植栽，バス停をはじめ，街灯，時計塔などにダークな色調を用いることが要求される．

色彩はダークブラウン，ダークヴィリジァン（濃緑色），黒，灰などがよい．デザインとしては，バス停，街灯，信号標識，時計塔，電話ボックスなどの統一による秩序性に留意することである．

11.6.3 ペデストリアン・デッキのあり方

近年，首都圏では周辺都市から都心部への通勤が急増，バスターミナル，車の混雑はいっそう激しくなった．この混雑緩和の一手段としてペデストリアン・デッキの採用がある．これにより人の出入りの流れはスムースになった．例として宇都宮駅，高崎線上尾駅，京王線多摩ニュータウン駅，JR高崎駅などをあげることができる．

ただし，ペデストリアン・デッキの出現により駅前広場は消滅する運命にある．したがって，新しい景観創出のために植栽，モニュメント，プロムナードなどをあしらい，歩行者のための快適性保持の工夫をする必要がある．

ペデストリアンの採用には確かに長所はあるものの，問題点もかかえているので注意が必要である．以下に問題点を整理しておく．

1. 駅前広場の空間の消滅——広がりの景観がなくなる．
2. グランド・フロアは暗くなる——地上部は犠牲にされる．

対策としては，ペデストリアン・デッキのみの快適性追求はとりやめ，モニュメントなども極力排除し，植栽は小規模にするなど，空間利用に十分な配慮することである．

11.6.4 駅前広場の景観上の留意事項

駅前広場も，都市の大，中，小規模に応じて景観上の措置が講じられるが，ここでは小規模都市の広場を中心に留意すべき点をあげてみる．

1. 小規模駅前広場を取り囲むビル高に留意すること．ビル高が高いと狭隘な感じがする．
2. ビルの外壁にはハーフミラー式を用いないこと．例として平塚駅前のビルがあり，ここでは殺風景な景観になっている点を指摘したい．ただし，東京駅八重洲口にも前面にこのミラービルがあるが，ここは空間が広いこともあってか，特段の問題はない．
3. 広場空間が狭いのに広告看板がきわだって多い場合は，これを規制する必要がある．たとえば，バス停などに無彩色を採用するとよい．
4. 駅ビルは，駅の機能上必要あっての建設であるが，駅前歩道は十分なスペースをとることが肝要である．

5. 広場には植栽を心掛けることが大切である．
6. 広場を取り囲む歩道，スペースなどに時計ポール，照明灯，電話ボックスなどブラウン，黒，灰など採用すること．これにより落ち着きが表出できる．
7. わが国の主要都市は戦災を受け，復興建物が中心の景観構成となったが，駅周辺再開発は極力小規模に行われた．そのため，駅前広場消滅のおそれがある．
8. ペデストリアン・デッキをとり入れる場合は，地上の採光に留意することが大切である．また，デッキ上にも，モニュメントその他の小道具を設置することは極力避けることが望ましい．
9. 歴史上の建物，施設は街の顔である．取り壊しには十分留意しなければならない．
10. 白色のガードレールは禁止したい．設置が必要な場合は，ベージュ，モスグリーン，ブラウンなどを採用するようにしたい．

文献

- 倉田 三郎, 美術十六講, 文理書院 (1968).
- 利光 功, バウハウス —— 歴史と理念, 美術出版 (1970).
- 現代建築家シリーズ, 美術出版.
  フランク・ロイド・ライト (1967) / ル・コルビュジェ (1967) / リチャード・ノイトラ (1969) / アルヴァ・アアルト (1968) / フィリップ・ジョンソン (1968) / ミース・ファン・デル・ローエ (1968) / イーロ・サーリネン (1967) / SOM (1968) / ミノル・ヤマサキ (1968) / オスカー・ニーマイヤー (1969) / マルセル・ブロイヤー (1969) / ポール・ルドルフ (1968) / ピエール・ルイージ・ネルヴィ, フェリックス・キャンデラ (1970).
- ポール・ヘイヤー著, 稲富 昭訳, 現代建築をひらく人びと I, II, 彰国社 (1969, 1970).
- 丹下 健三＋都市建築設計事務所, 技術と人間, 美術出版 (1968).
- 神代 雄一郎, 藤森 健次, Design tour Tokyo, インテリア出版 (1971).
- 森田 慶一, 西洋建築史概説, 彰国社 (1962).
- デイヴィッド・L. スミス著, 川向 正人訳, アメニティと都市計画, 鹿島出版会 (1977).
- 中村, 篠原, 樋口, 田村, 小柳, 土木工学大系 13 景観論, 彰国社 (1977).
- T. M. Cleland, A pratical description of the Munsell color system with suggestions for its use, Munsell Color Co., Baltimore (1937).
- Munsell Book of Color, Munsell Color Co. (1950, 1961, 1976).
- 小磯 稔, 色彩の科学, 美術出版社 (1972).
- 星野 昌一, 色彩調和と配色, 丸善 (1957).
- 近藤 恒夫, 色彩学, 理工図書 (1992).
- JIS 表示については, 日本色彩学会, 新編色彩科学ハンドブック, 東京大学出版会 (1980).
- 長崎 盛輝,「王朝の彩飾」, 色の日本史, 淡交社 (1974).

著者略歴(絵もともに)

熊沢伝三（くまざわでんぞう）

1934 年　山梨高等工業学校（現山梨大学工学部）土木工学科卒
1934～1968 年　電力事業（昭和電力，日本発送電，関西電力）水力に従事
1967 年　技術士（ダム建設部門）
1968～1981 年　日本工営株式会社顧問
1977 年　一水会会員
1978～1994 年　山梨大学工学部土木環境工学科非常勤講師

1978 年　日本美術家連盟会員
1989 年より一水会会友

編集協力者

花岡利幸（はなおかとしゆき）　山梨大学工学部教授　土木環境工学科

河村忠男（かわむらただお）　中央復建コンサルタンツ（株式会社）　理事（東京本社駐在）

景観デザインと色彩　　　　　　　　定価はカバーに表示してあります
2002年3月20日　1版1刷　発行　　　　ISBN 4-7655-1625-3 C3051

著　者　熊　沢　傳　三
発行者　長　　祥　隆
発行所　技報堂出版株式会社

〒102-0075　東京都千代田区三番町 8-7
　　　　　　　　　　（第25興和ビル）

日本書籍出版協会会員	電　話　営業　(03) (5215) 3165
自然科学書協会会員	編集　(03) (5215) 3161
工 学 書 協 会 会 員	F A X　　　　(03) (5215) 3233
土木・建築書協会会員	振 替 口 座　　00140-4-10

Printed in Japan　　　　　　　　http://www.gihodoshuppan.co.jp

Ⓒ Denzou Kumazawa, 2002　　装幀　海保　透　　印刷・製本　エイトシステム
落丁・乱丁はお取替えいたします．
本書の無断複写は，著作権法上での例外を除き，禁じられています．

●小社刊行図書のご案内●

研ぎすませ風景感覚 1 －名都の条件	中村良夫編著	B6・294頁
研ぎすませ風景感覚 2 －国土の詩学	中村良夫編著	B6・284頁
景観の構造 －ランドスケープとしての日本の空間	樋口忠彦著	B5・174頁
景観統合設計	堺孝司・堀繁編著	B5・140頁
街路の景観設計	土木学会編	B5・296頁
水辺の景観設計	土木学会編	B5・240頁
港の景観設計	土木学会編	B5・286頁
景観づくりを考える	細川護熙・中村良夫企画構成	B6・322頁
橋の景観デザインを考える	篠原修・鋼橋技術研究会編	B6・212頁
地域イメージとまちづくり	石見利勝・田中美子著	A5・180頁
地域のイメージ・ダイナミクス	田中美子著	A5・182頁
建築・まちなみ景観の創造	建設省住宅局建築指導課ほか監修	B5・190頁
イギリス色の街 －建築にみる伝統と創造性	連健夫著	B6・178頁
水路の親水空間計画とデザイン	渡部一二著	B5・136頁
ランドスケープデザイン［ランドスケープ大系 3巻］	日本造園学会編	A5・264頁
風土工学序説	竹林征三著	A5・418頁
デザイン史とは何か －モノ文化の構造と生成	J.A.Walker著／栄久庵祥二訳	B6・334頁
色のはなしⅠ・Ⅱ［はなしシリーズ］	色のはなし編集委員会編	B6・158頁・172頁
土木用語大辞典	土木学会編	B6・1680頁
建築用語辞典（第二版）	編集委員会編	A5・1250頁

技報堂出版　TEL編集03(5215)3161 営業03(5215)3165　FAX03(5215)3233